Beobachtungen

über den

Ackerbau der Pfälzer.

Von

J. N. Schwerz.

Berlin, 1816.

Bei G. Reimer.

Hoc erat in votis: Modus agri non ita magnus,
hortus ubi, et tecto vicinus jugis aquae fons,
et paulum silvae super his foret!

HORAT. SATIR. VI. LIB. II.

An meine Leser.

Der Hanf, den ich mir im Elsaß gewor-
en hatte, war aufgesponnen. Da ich nun
ußte, daß sich in einem mir nahe gelegenen
ande, der rheinischen Pfalz, noch ein an-
eres gar kostbares Material vorfände: wie
ollte ich da die Hände in den Schooß legen,
und nicht hineilen, um auch diese Hede für
neinen Rocken einzusammeln? Ich that es,
und der Leser mag aus dem Zeuge, zu dem
ch sie verwirkt, urtheilen, ob das Darnach-
usgehen sich der Mühe lohnte?

So viele Schätze zu unsern Füßen, und
o Wenige die darnach graben! Sie liegen
aher versteckt in dem Dunkel, das sie um-

nicht ohne Mühe, Zeit, Aufwand und In-
elligenz. Ich wollte nur sagen, daß es noch
ine reichhaltigere Miene zur schnellen Er-
beiterung unserer Kenntnisse gebe; die näm-
ich der gemeinen Erfahrung, oder des Schlen-
rians, wenn ich ihr diesen verdächtigen Na-
en geben darf.

Der Ackerbau ist das gemeinste, das
este, das nothwendigste aller Gewerbe.
wäre also zu verwundern, wenn die un-
hligen Menschenköpfe, die sich unter allen
ölkern, in allen Ländern und zu allen Zei-
n damit getrieben haben, nicht schon alle
ntdeckungen gemacht hätten, die darüber zu
achen sind. Nur, wie gesagt, brennt das
cht allzuoft unter dem Scheffel, und selbst
e nächsten Nachbaren werden seine Strah-
nicht gewahr. Wie manches stille nütz-
he Lämpchen erlosch nicht schon auf diese
t, ohne daß man sein Daseyn ahnete,
d sich Jemand bei seinem Lichte gefreuet

hätte! Niemand kann das besser beurthe len, als der, welcher den Ackerbau selbstge trieben, darüber gelesen, das Gelesene durch dacht hat, und sich dann aufmacht, Handwerk bei den gewöhnlichen Bauern verschiedenen Gegenden anzusehen. Staun wird er da nicht selten, dasjenige hier un dort in alltäglichem Umlaufe zu finden, er bisher für eine wunderneue Schaumün gehalten hatte, bloß, weil sie eine Präge trug.

„So übt längst im Stillen ein einfach Gemüth
„Das, was der Verstand des Weisen erst sieht

Wir rüsten Fregatten und Corvett aus, reisen nach den Südinseln, mach einen Spaziergang um die Welt, um Namen und Sitten von ein paar wil Völkern mehr kennen zu lernen, unsere Kr terbücher und Treibhäuser mit einigen Pf zen zu bereichern, und unser Naturai kabinet mit ein paar ausgestopften Vögeln zu zieren; oder gar um ein kleines wüstes Eiland an den Grenzen des Eismeers zu entdecken.

Da der Mensch nicht von dem Brote allein lebt: so können wir ihm auch diesen Geschmack gönnen; nur wird man eingestehen, daß es Dinge giebt, die etwas mehr zu der Summe des allgemeinen Menschenglückes, zum Wohl und der Stärke des Staats und dem Lebensgenusse seiner Bewohner beitragen, als jene glänzende und angenehme Entdeckungen, und diese Dinge brauchen wir nicht weit übers Meer herzuholen. Wir finden sie in unsrer Heimath, oder den Ländern die sie umgeben. Ihr Aufsuchen ist nicht schwer, und würde nicht den tausendsten Theil von dem kosten, was die Reise einer Flottille zur Umsegelung der Erde erfodert.

Woher kommt es denn, daß man bis

jetzt auf die Entdeckung solcher soliden und wahren Güter nichts verwendet? Daß man es einem Privatmanne überläßt, sich für das öffentliche Wohl hinzugeben, dessen guter Wille sich oft weiter als seine finanziellen Kräfte erstreckt, und als es seine Musse zuläßt?

Der gütige Leser nehme also einstweilen mit dem Wenigen vorlieb, was diese Kräfte vermögen, und was freilich unter demjenigen bleibt, wozu ihn seine Wünsche berechtigen. Vielleicht, daß mein unvollkommenes Beispiel zureicht, Männer von höheren Kräften zu bewegen, sich selbst zu entsagen und die Aehrenlese fortzusetzen, die ich in den Niederlanden, dem Elsaß und der Pfalz nur eben begonnen habe, und dann würde ich mir schmeicheln können, nicht umsonst auf Erden gelebt zu haben. — Doch genug hiervon, und vielleicht schon zu viel!

Ich hatte anfänglich die Absicht, gegenwärtige Schrift nach Art meiner vorher-gehenden in einen systematischen Zusammen-hang zu bringen; allein nicht wissend: ob mir zu einer solchen Einkleidung, wegen da-mals wahrscheinlicher, und nachher wirklich erfolgter Veränderung meines Standortes, Zeit und Musse bleiben würde, schlug ich einen kürzern Weg ein, den nämlich: den Leser mit mir zu nehmen, und ihn gelegent-lich auf dasjenige aufmerksam zu machen, was vor und nach meine eigene Aufmerk-samkeit erregen würde; ihm meine Ansichten und Urtheile mitzutheilen, und es ihm zu überlassen: ob er sie mit mir theilen will und kann.

Sollte dieser Weg nicht gerade der un-terrichtendste seyn: so ist er doch für den Leser der angenehmste, indem die trocknen Gegenstände, die in einem Werke über den Ackerbau nothwendig vorkommen, sich nicht ununterbrochen darauf anreihen, ihm also

Zeit lassen, ein wenig Luft zu schöpfen. Auch wird die Gemüthlichkeit und Herzlichkeit dabei manchmal ein Plätzchen finden, um durchzulächeln. Dieses mag ihr dann auch in einem Werke gegönnt seyn, das nur das Wohl der Menschheit zum Zwecke hat, und diesem schönen Zwecke zu Ehren ein Blümchen hier und dort mit unterstreuen, wird man selbst einem Landwirthe nicht verwehren.

Endlich wird der vorgesetzte Weg mir noch das Vergnügen verschaffen, meine Leser mit manchem der vortrefflichen Landwirthe bekannt zu machen, die ich in der Pfalz aufzufinden das Glück gehabt habe.

Inhalt.

Seite

Pfälzische Landwirthschaft.

Ufer der Queich.

Ich langte den ersten August 1814 bei diesem kleinen Flusse an, der die Scheidelinie zwischen der Pfalz und dem Elsaß, und auch gewissermaßen zwischen dem Ackerbau beider Länder bildet. Die Zweifelderwirthschaft, die wir in dem Weissenburger Bezirke, als dem nördlichsten Theile des Elsasses, wahrgenommen haben *), geht in unmerklichen Abstufungen in eine andere über, die wir hier noch nicht bestimmen können, und deren Vollendung wir später vor uns haben werden. Der allmächtige Boden, der sich von Landau aus längs der Queich bis bald zu dem Rheine erstreckt, macht Alles möglich, Alles erlaubt, und was noch fehlt, das ersetzt der schöne, fette, und sorgfältig gewässerte Wiesengrund, den ihm Ufer bilden.

Die Queich, oder ein Arm derselben, giebt das Wasser zu den schönen Wiesen her. Die Zuleitung und richtige Vertheilung desselben macht

*) Beschreibung der Elsasser Landwirthschaft. Artikel: Fruchtfolge.

der vormals Pfälzischen Regierung die größte Ehre Zu oft, und bei großen Wässerungsanlagen immer hängt die Sache nicht von dem guten Willen einzelner Eigenthümer ab. Die erste Anlage einer Wasserleitung ist zu kostbar, zu zusammengesetzt zu vielen Streitigkeiten unterworfen. Es sind Wehre und Dämme anzulegen; Hauptschleusen zu errichten; der Hauptgraben nicht selten durch die Besitzer einzelner Grundeigenthümer zu ziehen diese also zu entschädigen oder zu befriedigen; dem Wasser eine gehörige Richtung zu geben, damit es einer großen Ausdehnung zu gut komme; Regeln für die Bewässerung festzusetzen; Verfügungen und Anordnungen mit den dabei interessirten Mühlen zu treffen, und viele Köpfe unter einen Huth zu bringen. Alles dieses that und bewerkstelligte die väterliche Regierung der Pfalz. Man darf dieses Land nur durchreisen, um sich von dem Einflusse einer Regierung auf den Ackerbau zu überzeugen.

Die Bewässerung findet nur zweimal im Jahre Statt, und dauert einige Tage. Das Wasser ist häufig genug, um eine sehr ausgedehnte Fläche zu überströmen, und der sanfte Häng des Boden und seine Ebene befördern den Abzug und die gehörige Vertheilung des Gewässers. Dieses ist fur sich selbst von vorzüglicher Güte. Es führt einen rothen lettigen Sand in großer Menge mit sich wodurch sich der Wiesengrund vor und nach erhöhet. Diese Erhöhung würde zuletzt der Ueber wässerung entgegenstehen, wenn die Besitzer der Wiesen dieselbe nicht vor und nach abtrügen. Dieses Abtragen geschieht stufenweise und allmählich, so daß man damit in Streifen von Jahr zu Jahr vorrückt. Die Rasen werden ein paar Zoll tief ausgestochen, und die abgeplaggte Stelle mit etwas Gras- und Kleesamen bestreuet. Nach einem Jahre unterscheidet man die Narbe nicht mehr von dem Uebrigen, und vor und nach höht sich der Boden wieder an *). Der Sand, womit sich die Wasserleitung anfüllt, wird von jedem daran stoßenden Wiesenbesitzer, nach der Breite seines Stückes, ausgestochen. Dieser Sand dient den Feldern zur Düngung und hauptsächlich dem schweren Boden zur Verbesserung. Man hüte sich aber ja zu glauben, daß das Abplaggen der Wiesen allenthalben vorgenommen, oder bei gewässerten Wiesen nützlich werden könnte. Nicht alle Gewässer führen die Menge eines fruchtbaren rothen Lettens mit, womit die Queich die Wunde heilt. Was hier gut, ja nothwendig wird, würde anderswo nur schädlich seyn und zum Untergange der Wiesen gereichen.

Die Bewässerungen an der Queich sind mehr eine sanfte Ueberströmung als Ueberrieselung. Da, wo man Wasser genug hat, ist jenes ganz sicher

*) Den Verbrauch dieser Rasen werde ich sogleich angeben.

die wohlfeilste und schnellste Art; allein da, wo man mit wenig Wasser viel ausrichten muß, da verhält sich die Sache anders, und eine nach den Regeln der Kunst angelegte Ueberrieselung ist das einzige Mittel, zum Zwecke zu gelangen.

Wir wollen uns nunmehr nach dem Feldbau dieser Gegend umsehen. Der Leser würde, so wie ich, mit Schaudern die Verheerungen erblickt haben, welche die Mäuse in diesem Jahre in der Gegend zwischen Landau und Offenbach angerichtet haben. Die Spelzäcker waren nichts als Gras und Unkraut, und wo hundert Halme stehen sollten, standen ihrer kaum zehn. Der Klee war ganz und gar zerstört, so daß ich im Anfange glaubte, es würde keiner in der ganzen Gegend gebaut. Der Mäusethurm bei Bingen würde nicht alle Mäuse fassen, die hier auf einer einzigen Flur hauseten, und unglücklicherweise kömmt diese schöne Haushaltung in der Regel alle drei Jahre wieder. Der Verlust bei dem Klee ist der nachtheiligste. Es fehlt an Futter, und das Kleefeld ist zu weiter nichts nütze, als umgepflügt zu werden. Bei der Luzerne thun die Mäuse, der beinahe nicht zu vertilgenden Wurzeln wegen, nicht so vielen Schaden. In dieser Gegend wäre, mehr als anderswo, der Versuch mit dem Blasebalge, den ich in der Belgischen Landwirthschaft angegeben habe, zu wiederholen.

Merlenheim.

Ein glücklicher Zufall führte mich zu Hrn. Uhl, einem sehr gescheuten, und, was noch seltener ist, sehr gefälligen Landwirthe und Gutsbesitzer. Was ich bei ihm sah, oder was er mir mittheilte, soll hier folgen.

Fruchtfolge auf gutem Boden.

1. Klee, wovon der zweite Schnitt untergepflügt wird;
2. Raps;
3. Spelz;
4. Rocken;
5. Gerste.

Der Ertrag des Spelzes ist 12 Malter, der der Gerste 5 Malter vom Morgen.

Fruchtfolge auf Mittelboden.

1. Klee;
2. Spelz, nicht leicht Weizen, weil er zu leicht lagert;
3. Gerste oder Hafer, und darauf wieder Klee.

Bruchstück hiesiger Fruchtfolge.

1. Hanf, gedüngt;
2. verpflanzter Raps;
3. Spelz.

Läßt man diesen hier unmittelbar nach dem Hanfe folgen: so bekömmt man nur schlechten Spelz; schaltet man aber ungedüngten Raps dazwischen, so wird der Spelz gut. Ein großer Beweis für die Wichtigkeit der Fruchtfolge! Man sage übrigens nicht, daß dieses bloß von dem spätern Säen nach Hanf als nach Raps herrühre; denn der Spelz verträgt ein spätes Säen sehr gut. — Hinterläßt der Hanf vielleicht in der Erde einen Ueberfluß von solchen Stoffen, die dem Spelze nachtheilig sind, und die der Raps erst ausziehen oder vermindern muß, ehe der Boden zur Spelzerzeugung recht tauglich wird? Dieses bleibt der Chemie vorbehalten, oder vielleicht stets ein Räthsel. Uns genügt einstweilen die bloße empirische Erfahrung. Steht sie gleich nur wie eine leblose Meilensäule da, und ist nicht zureichend, uns jedesmal den nächsten Weg zu zeigen, so warnt sie uns doch vor Abwegen und schützt uns vor Schaden.

In der Regel wird nicht vor sechs Jahren gedüngt, und oft erst alle neun oder zwölf Jahre. Ich fand Felder, von denen man mir sagte, daß man mit etwas Bescheidenheit, und der darauf üblichen Kultur mit Raps in Kleestoppel, oder nach reiner Brache, in zwanzig und mehr Jahren keinen Dung aufzuführen brauche. Dieses widerlegt also den Glauben derer, die den Raps für eine ausmagernde Frucht halten. Uebrigens gestehe ich gern, daß ich mich nicht erinnere, einen so guten Boden, selbst nicht im Elsaß angetroffen zu haben. Aus allem dem erhellt, daß die Viehzucht zur Misterzeugung nicht stark zu seyn braucht. Ueberdem nimmt man noch zur Rasen- und Kleedüngung seine Zuflucht.

Die Rasen werden, wie schon gesagt worden, auf den Wiesen ausgestochen. Sie haben die Dicke von 2 bis 3 Zoll, und werden in trocknen Haufen ohne Beimischung von Kalk oder Dung aufgesetzt, bleiben den Sommer über darin liegen, und werden im Winter ausgestreut, zerstückelt und untergepflügt. Man erspart dadurch allen andern Dünger zum Hanfe. Dabei wird dieser, wie ich mich überzeugt habe, schöner als der Misthanf. Eine solche Rasendüngung wirkt auch auf die folgenden Ernten noch stärker fort, als jede andere. Es gehören aber auch zur Ausdüngung eines Feldes sechsmal so viele Fuder Rasen, als gewöhnlicher Mist. Auch auf den Raps thut das Düngen mit Rasen eine vortreffliche Wirkung.

H. Uhl säet vielen Klee, bloß zur Düngung seiner Grundstücke. Wann der erste Wuchs desselben eben in die Blume tritt, so wird er mit der Egge verschleift und eingepflügt. Auf ein solches Feld kommt alsdann Raps. Auf diese Weise läßt sich denn auch wohl erklären, wie man auf sicherem Boden zwanzig Jahre bei einem einmaligen Düngen mit Miste fortwirthschaften kann.

Unter den Gewerbspflanzen steht der Raps hier oben an. Das Land, worauf die Pflanzen erzogen werden sollen, erhält eine Brache und wird mit 10 vierspännigen Fudern Dung pr. Morgen überfahren. Man pflügt sie einmal und säet in den ersten Tagen des Augusts. Man erzielt die Pflanzen auch wohl in einem Kleelande, nachdem der erste Schnitt davon benutzt worden. Sollen die Rapspflanzen nachher in ein Getreidefeld eingelegt werden: so werden die Stoppeln überdüngt, aber nicht umgepflügt. Soll der Raps aber in ein Hanf- oder Kleefeld verpflanzt werden: so bedarf es keines Düngers. Doch bleibt das Düngen bei dem Rapse immer wohl angebracht. Man versetzt die Pflanzen frisch, wie sie aus der Erde kommen und läßt sie nicht abwelken. Sie werden hinter dem Pfluge und zwar in jede Furche eingelegt, und in der Furche selbst bringt man sie 8 Zoll auseinander. Es werden 16 bis 20 Einleger dazu erfordert. Leute, die einen starken Rapsbau treiben, dreschen ihn auf dem Felde aus. Der Ertrag ist 5 Malter vom Morgen. Wenn der Raps recht gut geräth, so kann er 8 Malter geben. Die Stengel werden zum Brotbacken verwendet.

H. Uhl, wie seine ganze Gegend, machen einen starken Gebrauch vom Gipse. Er ist das Palladium des Kleebaues, der Luzerne, des Espers, des Wickenfutters, der Stallfütterung, der Viehzucht, der ganzen Landwirthschaft. Ohne Gips hat man zu Merlenheim keinen oder nur schlechten Klee. Selbst dann, wenn dieser überdüngt wird, bleibt er nur mittelmäßig, und kömmt dem gegipsten auf keine Weise bei. Der Gips wirkt aber nicht allein auf den Klee, sondern auch noch auf die folgenden Saaten fort, und zwar so, daß der Spelz, der nach gegipstem und in ein nicht gedüngtes Land gesäetem Klee folgt, besser geräth, als Spelz nach ungegipstem Klee, wenn gleich zu diesem noch so stark gedüngt worden wäre.

Wicken und Linsen werden hier allemal gegipst. H. Uhl zeigte mir auf einem Stücke den kümmerlichen Stand der Wicken, die keinen Gips erhalten hatten. Der Unterschied gegen andere gegipste war groß, sehr groß. Auf Hanf hat man keine Wirkung vom Gipse verspürt; wohl aber auf Rüben. Man nimmt dem Maaße nach doppelt so viel Gips, als man Spelz zum Einsäen auf den Acker nehmen würde, und streuet daher 3 bis 4 Sömer Gips auf den Morgen, und zwar, bei dem Klee, die Hälfte vor, die Hälfte nach Winter. H. Uhl ließ einmal, zu seinem Unglücke, den Klee im Frühjahre gipsen, während er noch mit Reif bedeckt war. Das ganze Feld wurde davon schwarz, und selbst der zweite Kleeschnitt taugte nichts.

Die Luzerne dauert hier 10 bis 12 Jahre. Man säet sie unter die Gerste und nimmt 6 Pfund Samen auf den Morgen. Diese wohlthätige Pflanze verbessert in vier Jahren auch den schlechtesten Boden. Nur wollte ich meine Reisegefährten erinnern, daß dieser Boden von einer Art seyn muß, auf welchem die Luzerne gut gedeihte. Es giebt Bodenarten, die für andere Gegenstände schlecht sind, der Luzerne aber zusprechen, und die sich so durch das Vorbringen dieser letzten verbessern, daß sie auch zu andern Dingen geeigneter werden, als sie waren. Man hüte sich aber zu denken, daß diese edle Pflanze, wie die Goldtinktur oder das Lebenselixir, ein Universalmittel für jeden schlechten Boden sey; denn zuerst muß sie selbst wachsen können, ehe sie den Wachsthum anderer befördern kann.

Man nimmt 5 Pfund Kleesamen auf den Morgen. H. Uhl hält dafür, daß die Kleesamenerzielung den Boden verbessere *).

Man bedient sich sowohl der Pferde als der Ochsen zur Arbeit; jedoch kommen jene häufiger vor. Man findet auf 100 Morgen 4 Pferde, 6 Kühe, 4 bis 6 Stück Jungvieh. Die Pferde werden im Winter mit Rüben und Stroh unterhalten, und bekommen wenig Heu. Man hält die Rüben für ein sehr gesundes Pferdefutter. Die Kühe bleiben im Sommer auf dem Stalle und nur das Jungvieh wird ausgetrieben. Im Winter wird nur zweimal des Tages gefüttert. Das Fressen besteht in zerstoßenen Rüben und Runkeln, welche mit Kaf gemengt werden. Zum Tranke läßt man etwas Oelkuchen im Wasser auflösen. Die ganze Fütterung geschieht kalt. Die Kartoffeln werden bloß auf die Mastung verwendet, und ebenfalls roh verfüttert.

---

*) Es werden hierüber in der Folge Erfahrungen von dem Gegentheile vorkommen.

Offenbach.

Ein schönes, eine kleine Viertelmeile von Merlenheim gelegenes Dorf, oder vielmehr ein Flecken, wo sich Ordnung, Reinlichkeit und Wohlstand verrathen. Dieselbe wohlthätige Hand der Regierung, welche die Vorkehrung zu der Wiesenwässerung machte, von welcher wir schon gesprochen, leitete auch einen starken Wasserfaden durch die Gassen von Offenbach. Es ist unglaublich, von welchem Vortheile eine solche Einrichtung für die Bewohner auf dem Lande ist, wie viele Zeit ihnen dadurch erspart wird, und wie sehr sie die Reinlichkeit des innern Haushalts befördert. Man wäscht nicht mehr, als es die Noth erfodert, wenn man das Wasser aus einem Brunnen heraufziehen muß; fließt es aber an der Stuben- und Stallthüre vorbei: so muß die Hausfrau wohl ein Kothkäfer seyn, wenn sie nicht immer pudelt und wascht, oder dem Vieh unreines Futter vorwirft.

Zu Offenbach war ich nun wieder auf ächtem deutschen Boden, sah deutsche Tracht, hörte deutsche Sprache und deutschen Gesang in dem katholischen Gottesdienste. Für einen Mann, der sein Volk und Vaterland liebt und kein verkaufter Miethling und Fröhner von Fremden ist, ist dies nicht gleichgültig, und macht, wenn er es lange entbehrt hat, auf sein Herz keinen geringen Eindruck.

Fruchtfolge auf gutem Boden.

1 Jahr Hanf, gedüngt;
2 — Raps, verpflanzt;
3 — Spelz;
4 — Rocken;
5 — Klee;
6 — Spelz;
7 — Hafer;
8 — Klee, der zweite Schnitt eingepflügt;
9 — Raps, nicht verpflanzt;
10 — Spelz;
11 — Erbsen.

Der Leser wird sich wundern, wenn ich ihm sage, daß in diesen 11 Jahren nur einmal, das ist zum Hanf, gedüngt wird. In Edens schönem, glücklichen Garten hatte man ja auch keinen Dung nöthig. Doch mag zu Offenbach die richtige Fruchtfolge etwas dazu beitragen.

Fruchtfolge auf Mittelboden.

1 Jahr Hanf, stark gedüngt;
2 — verpflanzter Raps;
3 — Spelz;
4 — Hafer;
5 — Klee;
6 — Spelz oder Rocken;
7 — Kartoffeln;
8 — Gerste oder Hafer.

In dem ersten Augenblicke scheint es, wie es auch mir schien, daß sich dieser Fruchtwechsel durch folgende Umänderung noch wesentlich verbessern ließe, nämlich: 1. Hanf, 2. Raps, 3. Spelz, 4. Hafer, 5. Kartoffeln, 6. Gerste, 7. Klee, 8. Spelz. Wahr ist es, daß der Klee in diesem Falle einen reinen Boden finden würde, welches ich noch immer bei dem Kleebau als eine Hauptbedingniß ansehe; dagegen aber würde er auch erst im siebenten Jahre nach der Düngung, also in einen mehr erschöpften Boden kommen, als bei der Weise von Offenbach, wo er im fünften Jahre auftritt. Ferner ist noch eine Hauptursache, die für den Offenbacher Fruchtwechsel spricht: die nämlich, daß der Klee daselbst in der Mitte der Jahre steht, und seine verbessernde Eigenschaft folglich auf die Reihe der nach ihm folgenden Früchte fortwirkt, welches bei einer nur achtjährigen Düngung kein unbedeutendes Hülfsmittel ist, statt daß bei der vorgeschlagenen Umänderung der Klee bei dem Schlusse des Fruchtwechsels auftritt, wo sein längeres Fortwirken von geringeren Folgen ist. Wir wollen also in Zukunft vorher wohl überlegen, ehe wir das Hergebrachte tadeln, oder gar verwerfen!

Fruchtfolge auf schlechtem Boden:

1 Jahr Mais gedüngt;
2 — Spelz;
3 — Hafer;
4 — Kartoffeln gedüngt;
5 — Gerste;
6 — Rocken.

Förmliche Dreifelderwirthschaft, mit dem Unterschiede, daß die Gerste in das Winter-, der Rocken in das Sommerfeld kömmt, und das ist, was bei diesem Systeme nach Hakfrüchten immer geschehen sollte.

Einzelne Zweige hiesiges Fruchtwechsels sind: 1. Kartoffeln, 2. Gerste, 3. Klee. Diese gute vortreffliche Fruchtfolge ist also nicht unbekannt, und warum findet man zugleich eine andere, in welcher 1. Hanf, 2. Spelz, 3. Gerste, 4 Klee vorkömmt?

Wo der Raps gestanden, den man zum Verpflanzen auszog, wird auch wieder Raps eingelegt, oder im folgenden Jahre Hanf gesäet, und diese Folge ist unstreitig besser als die, wo man Rocken oder Spelz auf die Rapspflanzen folgen läßt, wie solches an der Maas geschieht, und welches ich selbst zu seiner Zeit, fehlerhaft, meinen damaligen Landsleuten nachmachte. Aber wie Vieles habe ich nicht gelernt, seit ich den Pflug niedergelegt habe! Zu spät, leider!

Aus den angeführten Fruchtfolgen geht hervor, daß man im Ganzen keine Dreifelderwirthschaft treibt. Legen wir dem ersten Umlaufe im zwölften Jahre auch noch einmal Getreide zu, so haben wir nur 6 Getreideernten. In dem Umlaufe auf Mittelbodem finden wir in acht Jahren ihrer vier. Nur auf dem schlechten hat, durch welchen Zufall weiß ich nicht, Dreifelderwirthschaft Statt.

Man hält hier für besser den Mais zu entfahnen, indem solches die Zeitigung der Kolben befördert, und der Abfall bei der Benutzung als Viehfutter von größerem Belange ist.

Ich zweifle bald, daß der Hanf hier von einer guten Qualität seyn könne, indem man den Femel stehen läßt, bis dahin der Samen an den weiblichen Stämmen reif ist. Auch ist der Samen keineswegs mit dem zu vergleichen, der, wie im Elsaß, zwischen dem Mais und den Kartoffeln gewonnen wird. Daher ist man hier genöthigt, den Samen alljährlich anderswo her zu beziehen, und ihn zu dem doppelten Preise zu bezahlen, zu welchem man den eigenen absetzt. Doch ist es seltsam, daß man wieder aus andern Gegenden nach der Queich kömmt, und diesen schlechten Samen aufkauft. Dies beweist, daß schon die bloße Samenveränderung eine Verbesserung bewirke, wenn gleich der neue Samen nicht von guter Eigenschaft ist. Die hiesigen Einwohner glauben bei ihrer Art den Hanf zu behandeln, durch die Ersparung der Arbeit mehr Vortheil zu haben, als wenn sie anders verführen. Doch macht vielleicht auch hier Gewohnheit schön!

Man hält den Mohn für sehr aussaugend, also dem Boden nachtheilig. Auch ist er dem Mehlthau stark unterworfen. Zu Merxheim, wo man sich sonst viel mit seinem Anbau abgab, soll man ihn jetzt verwünschen. Im Elsaß hatte ich das Gegentheil gehört. — Der Leser so wie der Reisende muß sich auf mehr als einen Widerspruch in dieser Welt gefaßt machen.

Die Runkelrüben werden alle verpflanzt, entweder mit der Hacke oder mit dem Pfluge. Man behackt sie zweimal flach, das ist: ohne sie zu behäufeln oder den Grund davon abzuziehen. Auch hier hat die üble Gewohnheit des Abblattens Statt. Da die Runkeln das Hauptwurzelwerk der Pfalz sind, so werden wir sie noch mehr als einmal auf unserm Wege treffen.

Das Behacken der weißen Rüben ist hier nicht üblich, wohl aber das Eggen. Darin gehen also die Elsasser den Pfälzern vor. Man durchgeht die Felder und zieht die kleinern Rüben vor und nach aus, wodurch die übrigen mehr Raum bekommen.

Vor Offenbach fand ich einen kleinen Platz, auf den die Einwohner den Koth aus den Straßen und ihrem Hofe führen, und jeder seinen kleinen Haufen anlegt. Als Landwirth schien mir dieser Platz ein Englischer Garten, und sicher mag er mehr Vortheile gewähren, als die das Gähnen erregende krummen Wege der Gärten so vieler Landjunker. — Jener Koth dient zum Ueberdüngen der Wiesen.

Edenkoben.

Ich schlug den Weg wieder nach Landau und von da nach Neustadt ein, wohin ich einige schriftliche Weisungen hatte. Hinter Landau erhebt sich eine gebirgige, wiewohl stark bevölkerte Gegend, welche die schöne Ebene der Queich von der großen Fläche der Pfalz trennt. Ich überging das freundliche Thal von Edenkoben, auf welches ich nicht vorbereitet war, und fand zu spät, daß ich Unrecht hatte, mich allda nicht zu verweilen; denn gewiß ließ sich noch etwas daselbst lernen. Wenigstens sah ich an einem Orte nahe bei gedachtem Städtchen mit einer Pünktlich- und Reinlichkeit pflügen, die selbst die Bewunderung meines Kutschers erregte.

Der Pflug dieser Gegend, den ich auch an der Queich traf, und welcher in der ganzen südlichen Pfalz üblich ist, weicht schon stark von dem Elsasser Pflug ab. Er hat kein so langes flaches Streichbrett als dieser, sondern das seinige ist kurz, vorn etwas gewölbt und hinten geschweift. Der Pfälzer Pflug scheint mir tauglicher zum Tiefpflügen als der Elsasser. Uebrigens sind beide Pflüge mit unbeweglichem Streichbrette und haben ein Vordergestelle mit Rädern, wovon eins etwas höher ist als das andere.

In dieser gebirgigen Gegend werden viele Kühe, sowohl zum Ziehen als bei der Pflugarbeit gebraucht. Mancher Elsasser pflügte vielleicht hier mit vier Rossen und wenigstens einem Vorreiter. Ich sah ein Paar solcher frommen Thiere an einem Karrn, und ihr Schritt glich einem kleinen Trabe. So viel vermag Erziehung!

In dem Verhältnisse, als ich vorrückte, kam

mir der Klee seltener und die Luzerne häufiger vor. Ich fand einige Anlagen von Wiesenwässerung, und viele Kartoffelnfelder. An mehrern Orten schnitt man den Klee mit der Sichel so kärglich am Boden ab, daß ich dachte, man würde die Wurzel mitnehmen.

Neustadt an der Hardt.

Das Ausgehen auf Kundschaft ist bei dem Ackerbau oft etwas so Ekelhaftes, daß nur die überwiegende Liebe für das Gute der Sache es kann verschlucken machen. 24 Stunden, ich sage vier und zwanzig Stunden, lief ich einem Manne nach, der mir Auskunft über den Ackerbau geben konnte, der sie mir zu geben versprochen hatte, und sie mir am Ende doch nicht gab. Es giebt Leute, die immer wollen und niemals bereit sind. Zu diesen zähle ich die Gastwirthe. Könnte man ihnen den Unterricht wie die Speisen abkaufen, so würde man die Tafel immer besetzt finden. Auf diese Herren darf ein reisender Oekonom durchaus nicht zählen. Glücklich, wenn sie ihm nur einen andern Mann angeben wollen! Ich erfuhr also in 24 Stunden zu Neustadt bei dem meinigen, der doch für den bedeutendsten Landwirth in Neustadt gilt, daß die Brache zum Raps viermal gepflügt, dieser nicht verpflanzt, und für Stroh und Hülsen auf dem Felde ausgedroschen wird. Noch nebenher hörte ich, daß man 1. gedüngte Brache, 2. Raps, 3. Spelz, 4. Rocken, 5. Klee, 6. Kartoffeln, zum Theil auch 6. Rocken habe, und dann die Reihe wieder von vorn anfange. Mit dieser Wissenschaft zog ich, wie der Leser denken kann, etwas verdrießlich von Neustadt ab.

Ich hatte mir anfänglich vorgesetzt, den Weg längs dem Gebirge einzuhalten, und dann auf der Rheinstraße durch die Mitte der Pfalz wieder zurückzukehren; allein ich überzeugte mich bald, daß der erste Weg mich bloß durch solche Gegenden führen würde, wo der Weinbau den Hauptgegenstand der Kultur macht; da dieser aber keineswegs den Gegenstand meines Gesuchs machte, so gab ich meinen Vorsatz auf und schlug mich sogleich nach der Fläche, die einen langen, spitz zulaufenden Winkel zwischen Neustadt, Speyer und Worms bildet. Diese Gegend hat durchgehends einen sandigen Lehm, oft einen bloßen Sandboden. Durch seine niedere Lage aber ist dieser Sand nicht schlecht, und öfters sehr gut.

Haßloch.

Eins der größten Dörfer in der Pfalz, indem es beinahe tausend Bürger zählt. Eben diese starke Bevölkerung mag auch die Ursache seyn, daß man darin eine vortreffliche Kultur, keine einzige große Wirthschaft und nur wenig mittelmäßige findet. Die stärksten darunter haben nur vier Pferde, und deren giebt es nur äußerst wenige. Eine solche, die zwei Pferde hat, wird schon für eine ansehnliche Wirthschaft gehalten. Viele pflügen mit Ochsen, und die meisten mit Kühen. Der Gebrauch dieser letztern zur Arbeit ist eine nicht genug zu empfehlende Einrichtung für eine Gegend, wo die Vertheilung des Grundeigenthums keine beträchtliche Wirthschaft zuläßt. Freilich sieht der stolze Pferdebauer mit Verachtung darauf herab; allein der Vogel, der nur kleine Reisen zu machen hat, braucht keinen großen Fittig, er lebt doch und nährt sich so gut wie ein anderer, wenn er gleich etwas langsamer fliegt. Herr H. Freytag, nunmehr ein ansehnlicher Gutsbesitzer in Speyer, den wir sogleich besuchen werden, baute einst zu Haßloch 40 Morgen mit vier Kühen und verdankte ihnen den Anfang seines Wohlstandes. Die Wirthschaften, welche zwei Pferde halten, bauen 60 Morgen, und füttern dabei 8 Stück Rindvieh auf dem Stalle.

Das Laubbrechen kommt hier dem Abgange an Streumaterial zu Hülfe. Die Forstverwaltungen sollten dieses unter dem Hochschlage nicht verbieten; es bringt hier keinen Schaden, dem Ackerbau aber Nutzen, und Wald und Feld sind doch wohl beide dem Staate unentbehrlich. Man sollte sie also auch billig neben einander aufkommen lassen und beiden erlauben, sich einander die Hände zu bieten. Eine höher gestiegene Kultur des Feldes erhöhet nothwendig den Werth der Forsten. Dieser steigt in dem Verhältnisse als die Bevölkerung zunimmt, und die Bevölkerung nimmt zu nach dem Maaße, daß Ackerbau und Gewerbe steigen.

Ich hatte zu Haßloch Weisung an einen Gelehrten, der den Pflug der Griechen besser zu beschreiben, als die modernen Pflüge seiner Landsleute zu beurtheilen wußte. Wir waren also bald geschiedene Leute. Ueberhaupt habe ich von allen Empfehlungen, die ich von vornehmen, reichen, oder gelehrten Leuten mitgenommen habe, von jeher nur wenig Nutzen gezogen. Solche Empfehlungen sind gewöhnlich an Personen eben solcher Stände gerichtet, und die konnten mir mit all' ihrem Reichthum, ihrer Gelehrsamkeit, und selbst mit ihren schönen und prachtvollen ökonomischen Einrichtungen nichts nützen. Was helfen uns Krippen von Marmor und Raufen von Mahagoniholz, wenn die Kühe, die daraus speisen, mehr kosten als sie eintragen? Geld ausgeben ist ein Leichtes, wenn man welches hat; Geld gewinnen ist schon etwas schwerer, und Vieles mit Wenigem ausrichten, ist das Allerschwerste. Gewöhnlich kennt dieses letztere kein Mensch besser als ein gescheuter, fleißiger und rechtschaffener gemeiner Landwirth.

Beim Zuhausekommen von meinem Gelehrten bemerkte der Gastwirth meinen Verdruß, und versprach mir den Mann zu stellen, den ich suchte. Der Mann kam; ein kleiner, lieber, freundlicher Greis, Namens Wendelin Bostel, Herrnhuter. Als

Vater hat er seine vier Kinder wohl erzogen, versorgt, und ihnen Alles übertragen. Er lebt nun in einer stillen, aber thätigen Ruhe. Als Bürger war er unter der Französischen Regierung Maire von seiner Gemeinde, fleißig, unverdrossen, rechtschaffen und von jedermann geschätzt. Er schaffte nicht selten für das Wohl seiner Mitbürger Tag und Nacht, ruhete ein paar Stunden auf einer Bank aus, um sogleich wieder bei der Arbeit zu seyn. Als Freund des Ackerbaues zeigte er sich auch gegen mich gefällig und gab mir, als denkender und lange erfahrner Landwirth, alle Aufschlüsse, die ich nur wünschen konnte, und die ihm der Leser hier mit mir verdankt.

Fruchtfolge auf Sandboden.

1. Kartoffeln;
2. Gerste oder Hafer;
3. Klee;
4. Spelz;
5. Rocken, oder, wenn der Acker nicht in gutem Zustande ist, Gerste.

Zu den Kartoffeln wird gedüngt; das Land einmal vor Winter gepflügt; im Frühjahre wird nicht mehr gepflügt. Die Kartoffeln werden hinter dem Pfluge eingelegt und mit dem Karste ausgegraben.

Zur Gerste wird vor Winter gepflügt, nach Winter aber nicht mehr. Der Samen wird hier, wie alles Getreide, untergepflügt.

Der Klee wird nach Winter mit sechs Sömmer Gips bestreut.

Zum Spelz wird die Kleestoppel am besten zweimal umgefahren. Die Stoppeln kommen dadurch zwar wieder in die Höhe; da aber hier, wie gesagt, der Same von allem Getreide untergepflügt wird, so kommen die Kleestoppeln auch wieder in den Boden.

Man übergeht auch manchmal, zumal wenn der Boden nicht in gutem Stande ist, das fünfte Jahr, und fängt wieder mit den Kartoffeln an.

Wir fanden also auch in diesem Theile der Pfalz jenen berühmten reinen Fruchtwechsel, den man beinahe nur in England zu Hause glaubte, weil Arthur Young ihn anderswo übersehen hat. Den kleinen Bauern scheint jedoch dieser Umlauf nicht lohnend genug, und da sie mehr Zeit und mehr Dünger auf ihren Acker zu verwenden haben, als die größern Landwirthe, so geben sie folgendem Zweifelderumlauf mit Recht den Vorzug:

1. Kartoffeln, gedüngt;
2. Rocken, darauf Rüben;
3. Hanf;
4. Rocken;
5. Taback;
6. Rocken.

Auf sandigem Lehmboden hat man zu Haßloch:

1. Taback, mit 6 bis 7 Fuder gedüngt;
2. Spelz, oder, ist der Acker nicht fett, Rocken;
3. Gerste;
4. Klee;

5. Kartoffeln. Darauf fängt die Reihe wieder mit dem Taback an.

Dieser interessante Umlauf verdient einige Aufmerksamkeit . . .

Nach Klee gerathen die Kartoffeln über alle Erwartung; diese bereiten den Boden zum Taback bestmöglichst vor; die behackten Früchte, die sich zwei Jahre unmittelbar hinter einander folgen, schaffen dem Wintergetreide ein reines Land; auch die Gerste kann da noch rein bleiben, und der Klee vollkommen darunter gedeihen. Ich halte also diesen Fruchtwechsel für vortrefflich, ob er sich gleich von der Regel, den Klee in das erste Getreide zu säen, entfernt. 1. Taback, 2. Spelz, 3. Kartoffeln, 4. Gerste, 5. Klee, scheint zwar im ersten Augenblicke besser, und dem mag auch wohl so seyn; allein ob dann die Kartoffeln, zu denen nicht gedüngt wird, so gut gerathen würden: das ist eine andere Frage. Selbst die Gerste würde es vielleicht nicht; denn da nur bloß zum Taback, also zum ersten der fünf Jahre gedüngt wird, so müßten die andern viere leer ausscheiden. Nun aber würden die Kartoffeln hier der Gerste weniger Kraft zurücklassen, als der Spelz es in dem Haßlocher Fruchtwechsel thut. Dann stände der Klee am Ende des Umlaufs, und die durch ihn bewirkte Verbesserung käme bloß dem Taback zum Nutzen, dem man ohnehin schon allen Dung aufopfert, statt daß in dem angeführten, zu Haßloch üblichen Umlaufe, der Klee den Kartoffeln frommt;

die düngende Kraft also besser unter die Gegenstände vertheilt ist, wie ich solches auch schon bei Offenbach bemerkt habe.

Es ist hauptsächlich in den sandigen Gegenden, wo man dem Abgange an Futter am meisten ausgesetzt ist, und am meisten darunter leidet. Der Abgang an Futter führt aber unausbleiblich den an Miste nach sich. Durch diesen Abgang fällt man dann nicht selten in den Zustand jener barbarischen Zeiten zurück, wo man das Land ein Jahr über das andere brach liegen ließ, weil man ihm keinen Dung zu geben hatte; ein Zustand, den nur der Kleebau in wiesenarmen Gegenden wegtilgen konnte, und zur Ehre des Ackerbaues, und dem Vortheile der Menschheit, auch weggetilgt hat. Und warum findet man in unsern Tagen noch einige, wiewohl wenige, beweinenswerthe Spuren eines solchen Unfugs, nachdem uns die Mittel ihnen zu steuern geworden sind? Warum trifft man sie sogar in der Pfalz an, diesem durch seine Kultur so berühmten Lande? Warum in Haßloch, das so viele Muster der auserlesensten Fruchtfolgen auf andern Feldern aufzuzeigen hat? Ich rieb mir die Augen, als der gute Bostel mir sagte: daß seine Nachbaren auf etwas entfernten Feldern, die einen Lehmboden haben, aus Mangel an Dung noch die Art befolgten, die schon vor 40 bis 50 Jahren hier allgemein war. Nämlich:

1. reine Brache, gedüngt;
2. Spelz;

3. Brache;
4. Rocken;
5. Brache;
6. Weizen;
7. Brache;
8. Gerste oder Hafer.

Darauf fängt die Reihe wieder mit der gedüngten Brache an. Diejenigen, die es vermögen, lassen es bei den vier ersten Jahren bewenden, düngen von neuem, und fangen wieder mit 1. an.

Wir kommen nunmehr zu zwei andern Gattungen von Fruchtwechsel, wovon der erste auf die Esparsette, der zweite auf die Luzerne berechnet ist. Ueberhaupt habe ich als Grundregel angenommen, daß das Wiederkommen der Futterkräuter, wie Klee, Gras, Luzerne und Esper, oder eine reine gedüngte Brache auf demselben Felde den vollen Umlauf seines Fruchtwechsels bestimme.

Fruchtfolge mit Esparsette:

1. 2. 3. 4. Esparsette;
5. Kartoffeln;
6. Gerste oder Hafer;
7. Brache;
8. Weizen.

Dann fängt die Reihe wieder von vorn an. Das Brachjahr, so schnell nach der Esparsette, scheint sonderbar; allein man wisse, daß zu Haßloch nur die schlechtesten Felder zu diesem Umlaufe bestimmt werden, und nie Dung darauf verwendet wird. Die Brache wird also nothwendig, um Weizen darauf erzielen zu können. Uebrigens ist eben diese Brache auch eine gute Vorbereitung zu dem Esper, der von neuem in den Weizen gesäet wird. Manchmal, und ich vermuthe auf gar schlechtem Acker, wird nach dem Weizen noch einmal gebracht, und die Esparsette in diese Brache gesäet.

Fruchtfolge mit Luzerne:

1 bis 8.	Luzerne;		
9.	Runkeln, oder:	9.	Raps;
10.	Spelz, —	10.	Spelz;
11.	Gerste, —	11.	Rocken;
		12.	Gerste.

Damit ist aber der Umlauf nicht beschlossen, sondern hält bis ins 14te oder 16te Jahr an, weil die Luzerne erst nach einer Unterbrechung von 6 bis 8 Jahren mit Vortheil wiederkehren kann. Ich wollte oben nur andeuten, daß man so weit ohne Dung reichen kann. Nach der Gerste muß also nothwendig wieder gedüngt werden.

Esparsette.

Dieses vortreffliche Gewächs, der Segen der Pfalz, wird hier Türkischer Klee genannt. Man säet sie um Johannis oder Jakobi für sich allein, also in die Brache, oder später mit dem Wintergetreide. In dem ersten Falle gewährt sie schon in dem folgenden Jahre eine vollkommene Ernte, welches sie in dem letzten Falle nicht thut. Die schlechtesten Aecker, wenn sie über einer Kiesschichte nur einige Zoll Grund haben, sind für die Esparsette schon gut genug. Unerfahrne wollte ich hier nur erinnern, daß auf die Natur dieser steinigen Unterlage Alles ankömmt, und daß sie diese zuerst auf Kalk untersuchen, oder zuvor mit der Esparsette auf ihrem Felde einen Versuch anstellen sollen, ehe sie sich in Großem damit befassen.

Bei der letzten Pflugart wird der Pflug so tief eingesetzt, daß man eine Schicht von dem rohen, bisher noch nicht erbrochenen Grunde in die Höhe bringt, indem die junge Esparsette in solcher wilden Erde am besten aufkommmt. Dasselbe gilt auch von der Luzerne. Man nimmt ein Fünftel Esparsettsamen mehr, als man Spelz zum Einsäen genommen haben würde. Die Pflanze dauert hier vier, höchstens fünf Jahre. Man gipst sie alljährlich. Sie leidet nicht selten von den Frühlingsfröſten. Man hält sie für das beste Futter zum Dörren, das man kennt; aus eben dieser Ursache wird sie da nicht leicht grün verfüttert, wo man Klee oder Luzerne hat, die sich besser zu Grünfutter als zu Heu schicken.

Luzerne.

Sie wird in der Pfalz Spanischer Klee genannt. Man hält für besser, sie mit Getreide, als für sich allein auszusäen, weil in jenem Falle nicht so viel Gras darunter aufkommt. Man nimmt noch einmal so viel Samen, als man gewöhnlichen Kleesamen auszusäen pflegt, und hält dafür, daß, je dichter sie im Anfange stehe, je besser es sey, weil sie alsdann um so eher das Unkraut erstickt. Sie wird alle Jahre gegipst und dauert 8, 10, 15 Jahre. Uebrigens wird sie weder gejätet, noch geegget, und doch erblickte ich hier Luzerne, die durch ihre Höhe und gedrängten Stand mein Erstaunen erregte.

Die Luzerne ist die namentlichste Verbesserung, die man einem entkräfteten Acker kann angedeihen lassen, und wohl dem Boden, der diese Arzenei annimmt! Ich kann einen solchen Acker nicht anders als mit einem Convalescenten vergleichen, der durch eine lange Ruhe und weise Diät wieder zu vollen Kräften gekommen ist, und so bald kein stärkendes Mittel mehr nöthig hat, um sich auch der schwersten Aufgabe zu unterziehen. Wenigstens drei schwelgerische Ernten mag ein alter Luzernacker ohne Dung hervorbringen. Indessen hat man doch im Anfange etwas mit den Wurzeln der Luzerne und anderm Kraut und Grase zu kämpfen, das sich während des Alters der Luzerne in den Acker eingeschlichen hat; daher man es sich zur unausweichbaren Regel macht, das umgebrochene Luzernfeld, wo nicht im ersten, doch gewiß im zweiten Jahre mit Hackfrüchten zu besetzen. Man giebt dabei den Runkelrüben den Vorzug, und diese finden sich hier in ihrem Elemente. Die Luzerne muß aber dazu schon vor

Winter gestürzt worden seyn. Die Runkeln werden hineingepflanzt und nicht in Körnern gesteckt.

Will man im ersten Jahre Spelz säen, so kann die Luzerne nicht mehr als zweimal in dem letzten Jahre geschnitten werden. Man pflügt zwei bis dreimal, und zwar das erstemal sehr tief. Die Egge muß Vieles auf einem solchen Acker leisten. Der Spelz wird nur dünne gesäet. Dabei muß es noch ein von Natur schlechter Acker seyn, denn sonst würde diese Frucht nicht hinpassen und nur Lager werden. Will man endlich unverpflanzten Raps auf die Luzerne folgen lassen, so darf nur ein Schnitt von dieser genommen und das Land muß wie Brache behandelt werden. Wird aber der Raps hinverpflanzt, so kann die Luzerne in dem letzten Jahre dreimal geschoren werden.

Klee.

Er wird in der Pfalz deutscher Klee genannt. Seit der Einführung dieser köstlichen Pflanze hat sich der Ackerbau hier, wie überall, über alle Begriffe gehoben, und der Ertrag des Getreides sich über die Hälfte vermehrt. Seine Einführung ging hier der des Espers und der Luzerne vor, und datirt von ungefähr 50 Jahren her. Wir werden hoffentlich in der Folge noch darauf zurückkommen.

Man streuet im Frühjahre 6 Sömmer Gips auf den Morgen. Der Klee bleibt nur ein Jahr stehen. Leidet der erste Wuchs — dasselbe gilt auch bei der Luzerne — vom Frost, oder wird er durch ungünstiges Wetter im Frühjahr zurückgesetzt: so ist nichts nützlicher, als ihn sogleich wegzumähen, wodurch der zweite Wuchs um so schöner wird.

Raps nach Luzerne.

Die beste Art ihn zu verpflanzen ist folgende: Nachdem man das Luzernfeld in dem letzten Jahre noch zwei oder dreimal benutzt hat, wird mit der Haue eine Furche gehörig tief darauf ausgehauen. Dann schreitet man zu der zweiten, plaggt den Rasen davon ab, und legt ihn auf den Boden der vorhergehenden Furche. Auf diesen Rasen werden die Pflanzen angesetzt, und mit dem Grunde, den man aus der abgeplaggten Furche mit der Haue aushackt, gedeckt, und so bis zur Beendigung des Stückes fortgefahren. Dieses Verfahren hält freilich auf; allein auf der Welt giebt es auch keines, nach welchem der Raps so einschlägt. Der gesäete Raps erfriert manchmal in dieser Gegend; aber nicht der verpflanzte.

Ich mag so gern meine Unwissenheit bekennen, daß ich mich nicht enthalten kann, bei jeder Gelegenheit darauf zurückzukommen. Sollte ich gleich alle meine mehr erfahrnen Leser dadurch ermüden, so sind vielleicht andere, weniger erfahrne, die daraus sehen werden, wie Manches sie, mit mir, noch zu lernen haben. Hätte ich z. B. jenes schöne Verfahren mit dem Rapse früher gekannt: so würde ich meine Kleeäcker, die meistens so üppig waren, daß ich voraus wußte, der darauf folgende Weizen würde Lager werden, ganz anders benutzt haben. Ich würde jetzt mit meinem Klee, wie die Haßlocher mit ihrem Luzernfelde verfahren. Nur würde ich den Pflug dabei gebrauchen, die Kleestoppel mit einem Schnitte in die vorhergehende offene Furche fallen lassen, die Rapspflanzen auf den eingestürzten Kleerasen anlegen, und ihre Wurzeln mit dem reinen Grunde, den ein zweiter Pflugschnitt aus der abgeschälten Furche brächte, decken. Dann würde ich bessern Raps, und nach dem Rapse bessern Weizen, Spelz oder Rocken haben, als ich oft gehabt habe.

Runkelrüben

oder Dickrüben. Ich fand noch Niemand, der nicht der Meinung gewesen wäre, daß sie den Boden stark angreifen. Sie wirken wenig auf die Milch, und kommen darin den weißen Rüben nicht bei. Sie werden am besten mit diesen oder mit Kartoffeln unter einander gestoßen, verfüttert.

Man hält sie in Gruben auf, nachdem man ihnen das Laub mit einer kleinen Scheibe der Krone genommen hat. Man häuft sie nicht hoch über einander, weil sie sich sonst leicht erhitzen. Auch läßt man die Haufen nicht über die Oberfläche hervorstehen, um sie keinem Froste auszusetzen. Im Frühjahre werden die Gruben, die nicht verbraucht worden sind, geöffnet, die Runkeln herausgenommen, die anbrüchigen ausgelesen, und die gesunden in frische Gruben gebracht und schichtweise mit Grund unterschossen. Die schmalsten Gruben sind die besten. Auf diese Weise halten sich die Runkeln bis weit in den Sommer.

Stoppelrüben.

Man läßt sie auf das Wintergetreide folgen, und bauet sie mehr aus Noth als des Vortheils halben. Sie ziehen dem Boden die Kraft vollends aus, und schaden daher der folgenden Gerste. Dieselbe Bemerkung hat man auch schon in dem Elsaß und in den Niederlanden, zwei Gegenden, die vielleicht so viele Stoppelrüben bauen, als das ganze übrige Europa, gemacht. Die Erschöpfung des Bodens soll so groß seyn, daß sie sich auch noch an den Ernten, nach der Gerste spüren läßt. Der brave Bostel machte darüber folgende Erfahrung: Er besäete die Hälfte der Stoppeln eines Spelzackers mit Rüben, die andere Hälfte nicht. In dem folgenden Jahre gab er dem ganzen Lande eine reine Brache, besäete es darauf mit Weizen, und fand daß die Hälfte, welche mit Rüben benutzt worden war, um 30 Procent schlechter ausfiel als jene, die keine Stoppelrüben getragen hatte.

Das Sprichwort der alten Pfälzer bleibt daher immer noch im Andenken der jungen. Es heißt: „Wer auch nur mit Rübesamen im Sacke an seinem Felde vorübergeht, der wird es schon daran gewahr." Je dichter die Rüben stehen, für desto schädlicher hält man sie, und setzt sie daher mit der Hacke so weit als möglich von einander.

Man wird sich also auf sandigem Boden weit besser bei dem Spörgel als den Rüben zur Nachfrucht stehen. Was diese verschlechtern, verbessert jener. An Milchergiebigkeit werden sie sich wohl gleich kommen. Geben die Rüben vielleicht etwas mehr Milch, so giebt der Spörgel unstreitig fettere. Da ich mit dem guten Herrnhuter von diesem wohlthätigen Kraute, dem Segen der Sandländer sprach, äußerte er mir seine dringenden Wünsche, einen Versuch damit machen zu können, und mit Vergnügen werde ich ihm Samen zu verschaffen suchen.

Rindvieh.

Das Vieh bleibt zu Haßloch, das der armen Leute ausgenommen, das ganze Jahr auf dem Stalle. Es wird bei den meisten kalt getränkt und gefüttert. Das Futter wird nicht geschnitten. Die Kälber werden nicht getränkt, sondern saugen an der Mutter. Man läßt die Milch, so wie überhaupt in allen Gegenden der Pfalz und des Elsasses, dick werden, ehe man den Rahm zum Buttern davon nimmt.

Speyer.

Der Weg von Haßloch nach dieser Stadt führt durch eine sandige Gegend, die durchaus mit Holz bepflanzt ist. Es ist also in dieser Richtung für den Landwirth nichts zu beobachten, und ich würde diesen Weg um so weniger gewählt haben, als in den Städten keine Aehren für meine Garben zu sammeln sind, wenn man mir nicht einen ganzen und zwar praktischen Landwirth daselbst angegeben hätte. Dieser Landwirth ist Herr Niklas Freytag. Aus dem Unterrichte, den der Leser hier findet, wird er schließen können, ob ich in meiner Erwartung getäuscht worden bin. Möchte ich es nirgend weniger als hier werden!

Der Boden um Speyer ist mehr leicht als schwer. Man findet daselbst Sand, lehmigen Sand, sandigen Lehm, und selbst strengen Letten, oder starkthonigen Boden. Die Esparsette will hier nicht gut gedeihen, ein Zeichen, daß er wenig Kalktheile mit sich führt. Man legt sich also mehr auf den Kleebau. Das Vieh geht zum Theil auf die Weide, zum Theil wird es im Sommer im Stalle gehalten. Man rechnet 3 bis 4 Stück Rindvieh auf ein Ackerpferd, und hält vier Pferde auf 140 Morgen, der Morgen zu 120 Ruthen, die Ruthe zu 16 □ Fuß, so viel ich weiß, Nürnberger Maß. Das Malter Gerste hält 8 Sömmer und wiegt 175 Pfund. Bei dem Spelz und dem Hafer gehen 9 Sömmer auf das Malter; dieses wiegt bei dem Hafer 140 Pfund.

Die gewöhnliche Fruchtfolge ist:

1. Runkeln, gedüngt;
2. Gerste;
3. Klee;
4. Spelz;
5. Gerste;
6. Hafer.

Diese Fruchtfolge hat eben so viel mit der Dreifelder= als Wechselwirthschaft gemein. Sie legt mit letzterer die wahre Basis zu einem guten Kleebau; denn eine bessere als 1. behackte Früchte, 2. Gerste, 3. Klee, wird man wohl nicht auffinden. Der Spelz, der auf den Klee folgt, steht ganz an seinem Orte, und die im fünften Jahre auf den Spelz folgende Gerste ist einer guten Wechselwirthschaft nicht zuwider. Nur der Hafer im sechsten Jahre bringt die Sache ein wenig stark aus dem Gleise. Wenn aber der Boden diese Ordnung verträgt, wenn der Hafer in dem sechsjährigen Dunge zureichend lohnt, was geht uns die Störung an? Die Resultate der Erfahrung sind älter als die Regeln; denn sie selbst haben ja den Grund zur Festsetzung dieser letztern hergegeben. Du aber, mein Freund, wirf darum die Regel nicht blindlings weg, sondern streiche sie mehrmalen an den Prüfstein deiner eigenen Erfahrung und sieh, ob sie auch zu deinen Verhältnissen passe? Hält sie bei dir nicht Stich, so suche du selbst dir eine andere Regel für deinen Boden und deine Gegend zu erschaffen. Erschöpft der Hafer z. B. in sechster Tracht, oder gar die Gerste in der fünften deinen Boden zu sehr, so laß sie weg und begnüge dich mit einem fünfjährigen oder gar vierjährigen Genusse!

Wir wollen nunmehr die Behandlung der Gegenstände in jener sechsfeldrigen Fruchtfolge der Reihe nach vornehmen.

Erstes Jahr: Runkeln.

Es wird im Frühjahre mit 6 vierspännigen Fudern gedüngt, und zwei bis dreimal zu einer Tiefe von 5 bis 6 Zoll gepflügt. Die Pflanzen werden im Garten gezogen und mit der Haue auf das Feld, in einer Entfernung von zwei □ Fuß versetzt. Herr Freytag hat eine runde Art von Runkeln, die er den langen vorzieht, indem diese gewöhnlich auch einen langen Hals treiben, welcher sehr holzig ist. Man behackt sie zweimal. Bei dem zweiten Behacken wird der Grund davon abgezogen. Hr. F. nimmt ihnen nur die untersten Blätter, welche sich nach der Erde senken und ohnehin verloren seyn würden. So schädlich, meiner Erfahrung nach, ein zwei- oder gar dreimaliges Abblatten ist, so ist das erste doch nur von sehr geringem Nachtheile, wenn man mit Bescheidenheit dabei verfährt. Hr. F. rechnet seine Runkelrübenernte zu 15 dreispännigen Fudern vom Morgen.

Zweites Jahr: Gerste.

Das gewesene Runkelrübenfeld wird vor Winter umgepflügt und bleibt dann bis zum Frühjahre liegen. Die Gerste wird über diesen alten Acker gesäet und untergepflügt. Wann sie etwas über der Erde ist, wird gewalzt. Man säet ein halbes Malter und erntet ihrer zwölfe.

Drittes Jahr: Klee.

Nach dem Unterpflügen der Gerstensaat wird das Land geegget, der Klee ausgesäet und eingeschleift. Man nimmt 10 bis 12 Pfund auf den Morgen. Diese Aussaat ist sehr stark, und das Maximum, was ich irgendwo gefunden habe. Man säet hier so dicht, weil man glaubt dadurch das Aufkommen des Grases und Unkrauts zu verhindern. Uebrigens ist ein dichteres Kleesäen auf leichtem Boden, wo sich die Pflanze nicht so stark bestockt, nöthiger, als auf schwerem. Sobald der Klee unter der Gerste hervorsticht, wird gegipst. Dadurch giebt er nach der Gerstenernte schon einen Wagen Futter. Ist das Spätjahr gut, so setzt der Klee sogar noch reichlichen und sehr schönen Samen an, ohne daß diese Samenerzielung, nach Hrn. Freytags Versicherung, dem Klee im folgenden Jahre auch nur den geringsten Schaden bringe. Er streuet 8 Sömmer Gips auf den Morgen und zählt auf 50 Zentner Kleeheu. (!)

Viertes Jahr: Spelz.

Der Spelz wird bei trocknem Wetter über die Kleestoppeln hergesäet und flach mit diesen untergepflügt. Alles bleibt so liegen bis zum Frühjahr, wo das Feld überwalzt wird; eine Vorrichtung, die hier unentbehrlich ist. Ist das Wetter bei der Saatzeit aber feucht, so wird die Kleestoppel zuerst umgefahren, der Spelz gesäet und eingeegget. Bei diesem Verfahren erhält man bessern Spelz als bei dem ersten. Je nasser das Wetter dabei ist, je besser. — Hr. F. läßt den Spelz einkalken und wechselt sorgfältig mit dem Samen jeder Getreideart, sogar mit dem der Runkelrüben *). Man säet 11 Sömmer Spelz auf den Morgen; läßt man ihn aber nach andern Gegenständen, also nicht nach Klee folgen, so wird nur ein Malter (9 Sömmer) dazu erfordert. Der Ertrag ist 15 Malter.

Fünftes Jahr: Gerste.

Sobald der Spelz vom Felde ist, wird gepflügt und dieses vor und im Winter noch zweimal wiederholt. Im Frühjahre wird nicht weiter gepflügt, mit Ausnahme jedoch des Saatunter-

*) Zu dem Ende hat er in der Entfernung einen Freund, dem er zum Ersatze von seinem Runkelrübensamen zuschickt. Dadurch bleibt er bei seiner eigenen runden Art.

pflügens. Das schnelle Umstürzen der Spelzstoppel und das mehrmalige Pflügen vor Winter sieht Hr. F. als die erste und nothwendigste aller Bedingnisse an, um gute Gerste zu haben. Er stellte darüber vergleichende Versuche an, und, unter übrigens ganz gleichen Umständen, gab ihm das vor Winter dreimal gepflügte Land 210 Garben, und das nur einmal gepflügte nicht mehr als 90. Man kann bei diesem letzten Verfahren den Ertrag der Gerste bestimmt nur zur Hälfte dessen annehmen, den ein vor oder im Winter dreimal gepflügtes Land abwirft. Bei Gerste nach Kartoffeln jedoch ist ein einmaliges Pflügen vor Winter zureichend. Der Ertrag der Gerste nach Spelz ist dem nach Runkeln gleich.

Sechstes Jahr: Hafer.

Auch bei dieser Frucht hält Hr. F. das mehrmalige Pflügen vor Winter zu einer guten Ernte für unbedingt nothwendig. Ist der Boden leicht, so wird zu jener Zeit dreimal, ist er aber schwer, nur zweimal gepflügt. Dann aber wird der Pflug das zweitemal tief angesetzt. Man nimmt sowohl zur Gerste als zum Hafer die letzte Furche vor Winter gern breit, damit der Acker sich recht rauh lege und ausfrieren könne. Der Samen wird im Frühjahre untergepflügt. Das Quantum der Aussaat ist 6 Sömmer, der Ertrag 12 Malter, also sechzehn für eins. Obige Verfahrungsart giebt noch einmal so viel Hafer, als wenn der Boden vor Winter nur einmal gepflügt worden wäre. So hatte 1814 der Hafer, auf einem dreimal vor Winter gepflügten Acker, Halme so dick wie Federkiele und eine Höhe von sechstehalb Fuß, statt daß der daneben stehende, nur einmal vor Winter gepflügte, nur zwei Fuß über der Erde maß.

Auf gutem Boden hat folgender vortreffliche, vielleicht jeden andern übertreffende, Fruchtwechsel Statt:

1. Taback, mit 9 zweispännigen Fudern gedüngt;
2. Spelz;
3. Kartoffeln oder Runkeln;
4. Gerste;
5. Klee oder Hafer.

Das zu Taback bestimmte Feld wird vor Winter einmal und im Frühjahre noch dreimal gepflügt. Am besten wird der Dung schon mit der ersten Pflugart untergebracht. Die Pflanzen werden auf einem Gartenbeete erzogen, und keine besondere Kutsche dafür angelegt. Man spatet das Beet um, legt den Dung in die Furche, die der Spaten geöffnet hat, und deckt ihn mit dem Grunde der aus der folgenden Furche ausgestochen wird. Man säet ziemlich dicht, und begießt täglich zweimal. Will man die Pflanzen recht wachsen machen, so begießt man sie einmal mit Ochsenblut, das mit etwas Wasser gemischt worden ist. Wenn die jungen Pflanzen auf dem Saamenbeete von kleinen grauen Schnecken angegriffen werden, so überdeckt man das Beet mit Rinden von Weidenzweigen, an welche sich die Schnecken anhängen. Mit jedem Morgen nimmt man die Rinden weg und reinigt sie. Bei dem Verpflanzen giebt man jedem Stocke einen Raum von 2 Fuß. Durch die Verordnung der Französischen Tabacksverwaltung, welche in den letzten Jahren befolgt werden mußte, den Taback auf 1025 Millimeter zu entfernen, haben die Pflanzer Verlust gehabt.

Hr. F. hat vor seiner Wohnung ein ansehnliches und sehr gutes Feld liegen. Es ist in zwei Theile getheilt, und diese wechseln ununterbrochen mit Spelz und Taback. Er rechnet von diesem letztern im Durchschnitte 10 Zentner vom Morgen. Die Fruchtfolge auf diesem privilegirten Felde heißt schon sein zehn Jahren:

1. Taback;
2. Spelz.

Fruchtfolge auf schlechtem sandigem Boden:

1. Wickhafer, grün abgefüttert. Man läßt das Land darauf wieder grün ausschlagen, und pflügt dann unter;
2. Rocken;
3. Klee;
4. Rocken;
5. Gerste.

Ob die Theorie wohl einen bessern Fruchtwechsel für solchen Boden angeben kann?

Fruchtfolge mit Luzerne:

1 bis 8. Luzerne;

9. Raps;

10. Spelz.

Die weitere Fortsetzung kenne ich nicht.

Die Luzerne wird unter die Gerste gesäet und gegipst, wenn sie über der Erde ist. Sie gewährt dann schon im folgenden Jahre eine vollständige Ernte. Das Gipsen wird alle Jahre wiederholt, weiter aber wird nichts daran gethan.

Die Luzerne wird in ihrem letzten Lebensjahre nur einmal geschnitten, sogleich gestürzt und der Acker dreimal gepflügt.

Man säet den Raps in der ersten Hälfte des Augusts. Schlägt er fehl, so säet man im folgenden Frühjahre Hafer, worauf der Spelz gut folgt. Würde man statt des Hafers Gerste nehmen, so würde der Spelz zurückschlagen. Die Lehre von der Fruchtfolge ist also kein leerer Schall, und obgleich derjenige, der Dünger in Ueberfluß hat, sich Vieles erlauben kann, so darf er doch nicht Alles wagen. Wer die Natur bloß durch Dung zwingen will, und auf keinen ihrer Fingerzeige achtet, der wirft, ohne es zu ahnen, viel Geld umsonst weg, und sucht auf einem künstlichen kostbaren Wege, was er auf dem natürlichen mit weniger Mühe und Kosten finden könnte.

Hr. F. hält 4 Pferde; er würde aber mit diesem Gespann besonders im Spätjahre nicht zureichen, da er sein künftiges Sommerfeld zu dieser

Zeit zwei, ja dreimal pflügt, wenn er nicht zwei bis drei Paar Ochsen zu Hülfe nähme. Er kauft die Ochsen im April oder zu Anfang May's, aber nur solche, die in gutem Fleischzustande sind. Er bestellt damit sein Brachfruchtfeld, bis er mit dem Tabackpflanzen fertig ist; füttert sie gut und verkauft sie fett gegen Anfang Augusts. Um Michaelis kauft er wieder andere; diese mögen auch mager seyn. Sie helfen ihm sein Winterfeld bestellen und auf das Sommerfeld vorarbeiten. Er mästet sie den Winter über und verkauft sie gegen das Frühjahr. Hierbei kommt ihm freilich eine Branntweinbrennerei, die mit Spelz, Rocken, Gerste, Mais und Kartoffeln betrieben wird, zu Hülfe. Er zieht wenig Kälber auf, sondern kauft vor Winter trächtige Kühe, bei denen er nur auf die Größe sieht; später benutzt er ihre Kälber und die beste Milchzeit der Kühe, füttert sie tüchtig und verkauft sie zu einer Zeit, wo sie am theuersten sind.

Der Leser wird ohne meine Erklärung denken, daß dieses ganze Verfahren einen sehr praktischen und seinen Nutzen verstehenden Landwirth verräth, und das ist Hr. F. in der ganzen Ausdehnung des Wortes.

Hr. F. hält außerordentlich viel auf die Runkeln, und verwendet sie zur Mastung des Hornviehes. Doch lobt er ihre Milchergiebigkeit nicht. Dieses Letztere ist einer von den wenigen Punkten der Landwirthschaft, worüber man allenthalben einverstanden ist. Hauptsächlich verwendet er die Runkeln zur Pferdefütterung. Seine Pferde erhalten von Anfang Oktobers bis zu Anfang der Kleefütterung, also bis zum Juni, nichts als gestoßene, mit Häcksel gemischte Runkeln und Heu. Sie befinden sich nicht allein wohl dabei, sondern werden auch unter der Arbeit fett. Von Anfang mischt er die Runkeln mit etwas Rüben. Diese werden, wie man weiß, im Elsaß für ein sehr gesundes Pferdefutter gehalten. So sehr aber Hr. F. für die Runkeln eingenommen ist, so giebt er doch beim Gebrauche den Möhren den Vorzug. Nur wollen diese letztern nicht wohl auf seinem Boden gedeihen.

Um die Runkeln, so lange möglich, frisch zu erhalten, bewahrt er sie in langen schmalen Gruben auf. Ihre obere Breite hat zwei, ihre untere einen, und ihre Tiefe dritthalb Fuß. Man deckt sie mit etwas Stroh und schlägt sie mit Grund zu; doch läßt man den Gruben im Anfange ein wenig Luft, damit die Dünste ausziehen können.

Es ist nun Zeit, von Hrn. F. Abschied zu nehmen, so viel Nützliches sich vielleicht auch bei ihm noch erlernen ließe. Zu seinem Ruhme muß ich noch sagen, daß er der erste war, der mit der Luzerne auf dem sandigen Boden zu Haßloch Versuche gemacht hat. Eben da, wo wir im Vorbeigehen so prächtige Luzerne erblickt haben, baute man vormals nichts als 1. Spelz, 2. Kartoffeln, oder 1. Taback, 2. Spelz, 3. Kartoffeln. Dieser

Sandboden nahm also der Wirthschaft weit mehr Dünger weg, als er wiederzugeben im Stande war, statt daß er heute der ganzen übrigen Wirthschaft zur Stütze dient.

Mutterstadt.

Der Weg ging durch eine sehr sandige Gegend über Schifferstadt nach Danstadt. Ich nahm diesen Umweg, weil man mir an letzterm Orte einen sachkundigen Mann angegeben hatte, den ich aber, wie dies reisenden Oekonomen nur zu oft ergeht, nicht zu Hause fand. Herr Keck war bei seinen Schnittern; die Entfernung war zu groß, die Hitze zu stark, als daß ich mich entschließen konnte, ihn aufzusuchen. Was ich übrigens in der Richtung von Schifferstadt nach Danstadt gesehen hatte, war nicht gemacht mich zu reizen. Der Hafer war zwei, die Gerste anderthalb Fuß hoch; die Luzerne stand sehr mittelmäßig, und der Esper erlag unter dem Unkraute. Ich setzte also meinen Weg nach Mutterstadt, einem durch seinen Flachs- oder Leinsamen so sehr berühmtem Orte fort.

Man unterscheidet hier den Boden in leichten, schweren und Mittelboden. Da aber auch der schwache Boden, die Kleeäcker ausgenommen, mit einem Pferde gepflügt wird: so sieht man wohl, daß der Unterschied nur relativ und von keinem wirklich strengen Boden die Rede ist. Der sogenannte schwere Boden findet sich nur auf solchen Aeckern, die vormals Wiesen waren, also in einer sichern Vertiefung liegen, und die nunmehr dem Pfluge überlassen sind, der sie höher zu benutzen weiß. Der leichte Boden besteht aus Sand, der aber keineswegs schlecht ist. Ueberhaupt hat sich der ganze Bann von Mutterstadt eines guten, und zum Theil eines köstlichen Bodens zu erfreuen, wie die darauf eingeführten Fruchtfolgen beweisen werden.

Die größten Wirthschaften haben 80 Morgen, und halten 3 Pferde und 6 bis 8 Kühe. Die gewöhnlichsten bauen aber nur 40 bis 50 Morgen, die sie mit 2 Pferden bestellen und 3 Kühe darauf halten. Daß das Hornvieh Jahr aus Jahr ein auf dem Stalle gehalten werde, versteht sich von selbst; denn wie sollte man sonst mit dem Dung zureichen? Leute, die nur 15 bis 20 Morgen haben, bestreiten die Arbeit mit ihren Kühen. Eine für alle kleine Wirthschaften nicht genug zu empfehlende Einrichtung!

Man bauet zu Mutterstadt Spelz, Gerste, Hafer, Rocken, Flachs, Taback, Hanf, Runkeln, Kartoffeln, Klee, Luzerne und Esparsette. Der Ertrag vom Morgen ist bei dem Spelz 8 Malter, bei dem Rocken 4 bis 5 Malter, bei der Gerste und dem Hafer 6 bis 6½ Malter.

Die Fruchtfolge auf Sandboden ist:

1. Spelz, gedüngt;
2. Rocken;
3. Hafer;
4. Flachs.

oder:

1. Spelz, gedüngt;
2. Gerste;
3. Rocken — Hafer — Kartoffeln;
4. Flachs.

Der Flachs in diesem und dem vorhergehenden Umlauf in einen abgetragenen, durch drei Getreideernten nothwendig verunreinigten Acker. Da man hier bei dem Flachse hauptsächlich die Erzielung des Samens bezweckt, so mag es seyn, daß ein etwas erschöpfter Acker diesen Zweck besser erfülle. Auch der Bast oder das Lint muß stärker seyn, als das von Flachse, der auf fettem Boden aufgewachsen ist. Wie man sich aber aus dem Unkraute zieht, das werden die Jäterinnen dieser Flachsfelder wissen. Man hält daher auch zu Mutterstadt die Kartoffeln für eine unübertreffliche Vorbereitung zum Weizen.

Die Fruchtfolge auf Mittelboden ist:

1. Gerste, gedüngt;
2. Rocken;
3. Flachs;
4. Hafer oder Gerste;
5. Kartoffeln.

Die Folge des Rockens nach Gerste ist merkwürdig; aber gewiß nicht so unsinnig, als man sie in sichern Ländern, wo das Sommergetreide von Amt- und Rechtswegen nicht aus dem Sommerfelde kommen darf, findet; und viel schlechter ist es ohne Zweifel, auf Mittelboden Rocken nach Kartoffeln folgen zu lassen, der nur mittelmäßig, statt daß die Gerste herrlich darauf geräth. Der Flachs kommt in dem angeführten Umlaufe in die dritte, die Kartoffeln kommen in die vierte Gaile. Es muß also schon ein Boden seyn, der diesem letztern besonders zuspricht. Daß man den Dung einzig auf die Gerste verwendet, und alle andere Gegenstände leer ausscheiden läßt, ist wirklich auffallend in jenem Fruchtumlaufe, um so mehr, da man anderswo die Erfahrung hat, daß das Düngen zu Gerste ihr wenig fruchte, vielmehr oft schade.

Der Flachs kommt alle vier Jahre auf leichtem und Mittelboden vor; ja die kleinen Bauern haben über das andere Jahr Flachs auf demselben Felde. Es heißt dann:

1 Jahr Spelz, mit 6 bis 7 zweispännigen Fudern gedüngt;

2 Jahr Flachs;

3 — Spelz;

4 — Flachs u. s. w.

Man zeigte mir eine Flur, die von einem Wege durchschnitten war. Darauf trägt der ganze diesseitige Theil in einem Jahre Flachs, und der jenseitige Spelz, und in dem andern der jenseitige Flachs, und der diesseitige Spelz, und so ununterbrochen fort. Dieses ist freilich allen Erfahrungen zuwider, die ich auf meinen Reisen, bei meinem Ackerbau und dem meiner vormaligen Nachbaren zu sammeln Gelegenheit gehabt habe. Im Lande von Waes z. B. will der Flachs, selbst auf riolltem Boden, nicht vor dem sechsten Jahre wiederkommen; an andern Orten nicht vor dem zwölften. Je seltner er an der Maas vorkommt, je besser er einschlägt. Aus der Verschiedenheit dieser Erfahrungen mit der von Mutterstadt folgt aber nicht, daß die eine ohne Grund sey, weil sie der andern entgegenläuft: es zeigt uns, daß es keine Regel ohne Ausnahme giebt, und daß die Natur sich nicht überall an einem Leisten hält.

Man hat auch noch auf Mittelboden:

1. Spelz, gedüngt;
2. Gerste;
3. Klee;
4. Spelz;
5. Rocken;
6. Flachs.

Ein förmliches Dreifeldersystem, und der Flachs in der sechsten Saile! Datirt diese Fruchtfolge noch aus dem eisernen Zeitalter des Ackerbaues, oder sündigt sie auf Rechnung eines goldnen Grund und Bodens? Je jette ma langue aux chiens! würde hier die Frau von Sevigné sagen.

Fruchtfolge auf schwerem Boden, vormals Weide- oder Wiesengrund.

1. Runkeln, gedüngt;
2. Gerste;
3. Hafer;
4. Taback, gedüngt;
5. Spelz;
6. Gerste.

Auf diesem Boden ist bis jetzt noch kein Klee gebaut worden.

Der Flachs

macht, wie gesagt, den Hauptgegenstand der Kultur von Mutterstadt aus. Man baut ihn größtentheils des Samens wegen, womit hier ein besonderer Handel getrieben wird. Mancher Samen, der unter dem Namen des Rigaer Leins verkauft wird, kam zu Mutterstadt zur Welt. Er wird nicht selten hier aufgekauft, macht eine kleine Reise, und kehrt nach einem Jahre in einem russischen Anzuge wieder dahin zurück. Die Geschichte der Frau, die einst ihren Ring verlor, und ihn nach ein paar Jahren in dem Leinsamen wiederfand, der, vorgeblich, von Riga gekommen war, trägt sich noch in dieser Gegend. Geräth der Samen, wie eben in dem Jahre 1814, so ist der Flachs oft mehr werth, als der Boden. Der Ertrag von einem Morgen beläuft sich dann auf 250 rheinische Gulden.

Das zu Flachs bestimmte Land muß einmal vor, und zweimal nach Winter gepflügt werden. Die Saatzeit ist gegen den 10ten bis 12ten Mai. Man säet zwei Sömmer auf den Morgen von 104 Ruthen, erntet ihrer im Durchschnitte 18 bis 20, und erhält 45 bis 50 Steine Flachs. Der Preis des letztern ist 54 Kreuzer per Stein.

Die Kartoffeln werden zu Mutterstadt bloß im Sande gebaut, die Runkeln aber in schwererem Boden. Man legt sich mehr auf den Anbau dieser letzten, als auf den der Kartoffeln. Die Runkeln werden verpflanzt und zweimal behackt. Auch hier werden sie zum Füttern der Pferde verwendet. — Wie ist es doch möglich, daß meine vormaligen Landsleute an der Maas nichts von Runkeln, Rüben und Möhren behacken wissen wollen? Sie verdammten mich als ein Ketzer, wenn ich nur davon sprach, und als einen unsinnigen Verschwender, wenn ich zur Haue greifen ließ. Eine Haue und eine Guillotine sind bei ihnen gleichbedeutende Worte. Wenn diese Ungläubigen doch nur einmal die Pfalz und das Elsaß sähen!

Man baut seit einigen Jahren wenig Klee mehr zu Mutterstadt, und giebt der Luzerne den Vorzug. Esparsette wird auch nicht viel gebaut. Alle drei Gegenstände werden im Frühjahre gegipst. Man nimmt ein Malter Gips auf den

Morgen, weil er so oft verfälscht wird; sonst würde man mit der Hälfte genug haben.

Nach der Luzerne folgt Rocken, und darauf Runkeln; oder erst Runkeln, und dann Gerste. Auch Taback läßt man nach Luzerne folgen. Man findet durchaus nothwendig, daß in dem ersten oder zweiten Jahre nach der Luzerne eine Hackfrucht folge, weil der Acker zu stark vergraset ist. Die Luzerne dauert 6 bis 7 Jahre.

Ich verdanke obige Notizen dem Hrn. Haine, bei dem ich logirte, und der durch seinen sanften, gelassenen Charakter eine Ausnahme von der Regel der Gastwirthe macht.

Mundenheim.

Ich hatte mir vorgesetzt, die berühmte Wirthschaft der Frau von Zedwitz zu besuchen; allein die edle Frau war todt, und mit ihr auch die Seele dieser Wirthschaft entwichen.

Herr Metzner, ein wohlhabender Landwirth, gab mir mehrere Aufschlüsse über den Ackerbau seiner Gegend. Er selbst baut 250 Morgen, der Morgen zu 100 Ruthen, à 12 Fuß rheinländisch. Er braucht dazu 6 Pferde. Gewöhnlich rechnet man hier 2 Pferde und 6 Kühe auf 100 Morgen. Man pflügt mit einem Pferde, und hat den achten Theil des Ganzen in Klee. Da die Viehseuche in der Pfalz so stark um sich griff, so begehrte und bekam ich sein Vieh, von dem er mir viel Preiswürdiges sagte, nicht zu sehen. Er füttert sie das ganze Jahr über im Stalle. Doch läßt sich ein Gleiches nicht von allen seinen Nachbaren sagen.

Die Fruchtfolge auf leichtem Boden ist:

1. Taback, gedüngt mit 8 zweispännigen Fudern;
2. Gerste;
3. Klee, wovon, wenn der Acker nicht in gutem Stande ist, nur ein Schnitt genommen wird.
4. Rocken, darauf Rüben;
5. Hafer oder Kartoffeln.

Nach den Rüben wird die Gerste äußerst schlecht, selbst der Hafer nicht der beste; daher man die Rüben gewöhnlich nur dann in die Stoppeln des Wintergetreides bringt, wenn Kartoffeln darauf folgen sollen. Eine schönere und bessere Fruchtfolge wie die angeführte, giebt es wohl für solchen Boden nicht. Hat man Dung genug, so fällt das fünfte Jahr weg und man fängt wieder mit dem Taback an. Fehlt es aber an zureichendem Dung, und man will doch den vierjährigen Umlauf, des Tabacks wegen, durchsetzen, so nimmt man von dem Klee nur einen Schnitt, und pflügt den zweiten unter. Leute, denen es noch mehr an Dung gebricht, sind gezwungen, den Umlauf noch um ein Jahr zu verlängern. Sie halten dann im fünften Jahre reine, wiewohl ungedüngte Brache, und lassen im sechsten Rocken folgen.

Manche meiner landwirthschaftlichen Leser, besonders angehende Oekonomen, die keine Praktiker sind, bitte ich zu bemerken, daß, bei der Beurtheilung einer Fruchtfolge, es nicht immer auf ihren Reichthum, noch auf die darin herrschende schöne Zusammenreihung der Gegenstände ankomme. Selbst die zu den Eigenschaften des Bodens passendste Auswahl der kultivirten Gegenstände bestimmt sie noch nicht. Wir dürfen keinen dieser Umstände vernachlässigen, keinen übersehen; aber nie müssen wir vergessen, daß die Hauptbasis der Rotation sich auf dem Misthofe befinde. Das Gebäude, das wir auf dem Felde aufzuführen gedenken, muß sich nach den Fundamenten richten, die wir zu Hause gelegt haben; oder es stürzt unter seiner Last zusammen. Können wir daher, durch Zeit und Umstände gehindert, jenen Fundamenten nicht die Ausdehnung verschaffen, die sie zur Ausführung unseres Planes haben sollten, so müssen wir entweder einen andern Plan wählen, oder ihm auf dem Felde durch reine Brache, oder einen untergepflügten Klee- oder Wickenschnitt nachhelfen. Etwas Befriedigendes mit wenig Mitteln ausführen, verräth oft einen weiseren Sinn, als große Dinge mit großen Mitteln vollbringen. Es kann daher oft ein Fruchtwechsel, bei welchem alle 5 bis 6 Jahre eine Brache eingeschoben wird, sicherer und an reinem Gewinne reicher seyn, als ein anderer, der ohne Brache alle zwei bis drei Jahre Dünger erheischt.

Fruchtfolge auf Lehmboden:

1. Reine Brache, mit 9 bis 10 Fuder gedüngt;
2. Raps, um Laurentius gesäet, nicht verpflanzt;
3. Spelz;
4. Gerste;
5. Hafer; Kartoffeln; Klee.

Das Spelz, Gerste, Hafer, ist dem Umlaufe, den wir zu Speyer angetroffen haben, ganz ähnlich. Man denkt übrigens, daß, wenn im fünften Jahre Klee oder Kortoffeln vorkommen, keine Brache, wohl aber Spelz und Gerste darauf folgen.

Eine andere Fruchtfolge auf Lehmboden:

1. Brache, gedüngt;
2. Raps;
3. Spelz;
4. Runkeln, gedüngt;
5. Gerste;
6. Klee oder Brache, ohne Dung;
7. Spelz.

Würde der Raps verpflanzt: so könnte die reine Brache im ersten Jahre gewiß mit Nutzen wegbleiben. Wenn doch die gewaltigen Vertheidiger des Dreifeldersystems nur einmal eine Reise durch die Pfalz und den nördlichen Theil des Niederelsasses mit mir machen wollten, um sich von der Möglichkeit eines bessern Systems, als das ihrige, zu überzeugen! Und man sage nicht, daß solches bloß für Theoretiker oder einzelne vermögende Liebhaber passe, denn ich würde sie bloß mit Empirikern bekannt machen, wie ich überall in diesem Werke thue.

Bruchstücke hiesigen Fruchtwechsels:

1. Kartoffeln; 2. Hirse; 3. Klee.
1. Taback; 2. Gerste; 3. Hirse.

Man hat noch ferner:

1. Taback, gedüngt;
2. Gerste;
3. Wicken, grün verfüttert, der zweite Schnitt untergepflügt.
4. Spelz.

Auch:

1. Kartoffeln, gedüngt;
2. Gerste;
3. Klee, der zweite Schnitt untergepflügt;
4. Spelz; Weizen; Rocken; Raps.

Zu dem Rapse wird die Stoppel des ersten Kleeschnitts überdüngt und untergepflügt. Ehe man den Raps säet, pflügt man noch einmal. Hat man dem Raps keinen Dung zu geben, so pflügt man den ersten Kleeschnitt unter, benutzt den Klee also gar nicht. Man verpflanzt auch manchmal den Raps. Dieser wird dann im Frühjahr behackt; der an Ort und Stelle gesäete aber wird es nicht.

Die Hirse wird gejätet, und liefert ein gar vortreffliches Stroh. Ihr Ertrag ist im Durchschnitte 4 Malter vom Morgen. Es ist, wie ich glaube, die Klumphirse; Kolbenhirse erinnere ich mich nicht in der Pfalz gesehen zu haben. Die Hirse greift den Boden stark an, und läßt vieles Unkraut aufkommen, daher das Getreide schlecht darauf folgen würde. Säet man aber Klee unter die Hirse, so wird die Kraft im Acker wieder ersetzt, und man kann versichert seyn, daß kein anderer solchem Klee gleichkomme.

Fruchtfolge mit Esper:

1. 2. 3. Esper;
4. Rocken, darauf Rüben;
5. Brache;
6. Rocken;
7. Brache;
8. Fängt die Reihe wieder mit der Esparsette an.

Oder auch:

1. 2. 3. Esper;
4. Hackfrüchte, vorzugsweise Kartoffeln;
5. Gerste oder Hafer;
6. Brache;
7. Rocken;
8. wieder Esparsette.

Ich vermuthe, daß der erste dieser beiden Fruchtwechsel nur auf dem schlechtesten Boden Statt habe. Man muß beobachten, daß außer dem Gipse in dem ganzen Umlaufe kein Dung auf den Acker gebracht wird. Jene Fruchtfolgen können 30 und mehr Jahre so fortgetrieben werden, ohne Dung zu erheischen. Rechnen wir nun das Futter, das in den drei Jahren von dem Esparsettfelde kommt, das Stroh, das die Getreideernten geben, und daß dieses Stroh und jenes Futter den übrigen Feldern der Wirthschaft zu gut kommen, ohne dieser etwas gekostet zu haben: so wird man finden, welchen großen Nutzen ein solcher Außenschlag einer Wirthschaft gewähre. Ueberdem ist dieser Außenschlag kein köstliches Opfer, das man dem Ganzen bringt, indem nur magere und abgetragene Aecker dazu gewählt und dadurch wieder in Kraft gebracht werden.

Man säet 7 Sömmer (einen Hektoliter) Esper auf den Morgen. Er wird unter Sommerrübsen, Getreide, oder in reine Brache gebracht. Soll er unter Getreide kommen, so wird zu diesem vorher immer gebracht. Der darin gesäete Esper giebt im folgenden Jahre eine halbe Ernte. Wird er Anfangs Juli unter Sommerrübsen *)

*) Ich sage Sommerrübsen, und nicht Sommerraps. Dieser würde, so spät gesäet, durchaus nicht zur Zeitigung gelangen; statt daß jener nur drei Monate aus und in den Sack braucht, das ist: von der Aussaat an bis zu der Reife. Herr Staatsrath Thaer hat zwar in den Grundsätzen der rationellen Landwirth-

gesäet, so hat man im folgenden Jahre eine bessere Ernte zu erwarten; säet man ihn aber zu derselben Zeit in reine Brache und für sich allein, so ist im folgenden Jahre sein Stand vollkommen. Die Esparsettfelder haben weder des Jätens, noch des Durcheggens nöthig, um über das Unkraut Meister zu werden. Diese Pflanze dauert 3 bis 4 Jahre. Soll Rocken oder Weizen darauf folgen, so wird das Feld nach dem ersten Schnitte in ihrem letzten Jahre gestürzt und dreimal gepflügt; folgt aber eine Hackfrucht, sie sey Taback, Kartoffeln oder Runkel, so kann die Esparsette im letzten Jahre zweimal benutzt werden.

Bevor Esper und Klee in dieser Gegend bekannt waren, hielt man ein Jahr über das andere reine Brache. Ehre dem Klee! Ehre der Esparsette! Ehre der Luzerne! Heil den Wohlthätern der Menschen, die ihren Anbau unter ihnen verbreiteten!

Es werden zu Mundenheim mehr Runkeln als Kartoffeln gepflanzt. Man hält jene zwar für kein gutes Milchfutter, desto besser aber zum Fleisch-

schaft Sommerraps und Sommerrübsen für gleichbedeutende Namen gehalten; allein es ist ein eben so wesentlicher und unverkennbarer Unterschied zwischen beiden, als zwischen Winterraps und Winterrübsen, zwischen Kohl und Rüben. Da ich selbst jene Gegenstände gebaut habe, so darf ich hier kühn jenen kleinen Irrthum in dem angeführten Werke berichtigen.

ansetzen; daher auch die Mastung damit angefangen, und nachher mit Gerstenschroot und Kartoffeln fortgesetzt wird. Sie sind dabei ein gutes Pferdefutter; anderthalb Sömmer macht die Tagesration von zwei Pferden.

Manheim.

Unser Weg geht jetzt nach dem Rheine, und wir erblicken auf dem jenseitigen Ufer diese schöne Stadt, den hohen Dom, der sich zwischen vier Thürmen majestätisch in die Luft erhebt, den prachtvollen Pallast, der dem guten Pfälzer seine ehemaligen Fürsten, und dem Landmann die alten Väter des Vaterlandes in die Seele zurückruft. Dieser segnet unter andern die Asche Theodors, der durch so manche nützliche Anstalten so vieles für den Ackerbau und das allgemeine Beste that.

Der Rhein ist hier nicht mehr jener rasche, unstäte Fluß, der, wie im Elsaß, eine unfreundliche Scheidewand zwischen beiden Ufern bildet, dem gemeinschaftlichen Verkehr ihrer Bewohner Hindernisse in den Weg legt, und sie sich einander fremd macht; er ist vielmehr der Beförderer ihres gemeinschaftlichen Wohls, der beiden Ufern die Hand reicht, beide vereint und beiden Segen zuführt.

Das schöne Manheim machte mir mit seinen

schnurgraden Straßen um so mehr Langeweile, als diese jetzt von einem Ende zum andern oft menschenleer sind; und dann, was hat ein Landwirth in dem Staube der Städte zu lernen? Es zog hier nichts meine Aufmerksamkeit an sich, als eine Trockenscheuer für den Taback in dem Garten des Hrn. Schuhmacher. Sie hat von außen das Ansehen eines alten gothischen Gebäudes, ist ganz von Holz, und statt der Wände sind alle vier Seiten mit Brettern bekleidet. Diese sind in horizontaler Richtung und so angeschlagen, daß zwischen jedem eine, einen Zoll breite, Spalte bleibt, wodurch in dem Innern eine starke Zugluft und zureichende Helle entsteht. Da man den Brettern von außen den Anstrich von gehauenen Steinen gegeben hat: so bilden die Spalten dazwischen für das Auge die Absätze der Steinschichten, und verursachen eine artige Täuschung. Ich erinnere dieser bloß zierlichen Vorrichtung zu Gunsten vermögender Landwirthe, die ohne viele Kosten das Angenehme mit dem Nützlichen verbinden möchten. Uebrigens sind die meisten Tabacksscheuern, die ich in diesem Theile der Pfalz sah, im Wesentlichen nicht von der des Hrn. Schuhmachers verschieden. Ich ziehe diese Art unbedingt den neu errichteten Trockenräumen im Elsaß vor, die von vorn ganz offen und nicht viel tiefer sind, als ein Bienenstand für Magazinkörbe. Man hängt den Taback in der Pfalz so dicht an einander gereiht auf, daß ein Blatt das andere auf der Schnur berührt. Im

Elsaß würde man, und bei den dasigen größern Blättern mit Recht, fürchten, daß sie, auf diese Weise eingefädelt, beschimmeln würden; daher man ihnen einen Fingerbreit Zwischenraum läßt.

Herr Christian Schuhmacher, ein bekannter Fabrikant des sogenannten Manheimer Wassers, theilte mir folgende Erfahrung mit. Da er einst nicht Vieh genug hatte, um die Brantweinwäsche daran zu verfüttern, so ließ er mit dem dünnern Theile derselben einen Acker von 67 Ruthen, der schon zweimal hintereinander Kartoffeln getragen hatte, im Winter stark überfahren, pflanzte von neuem Kartoffeln, und erhielt von den 67 Ruthen 65 Malter. Er versuchte auch einmal, die dickere Brantweinwäsche aufführen zu lassen, allein da er sie nicht gleich einpflügen konnte, indem das Ueberfahren im Winter geschehen war, so zogen die Kartoffelrückstände der Wäsche alle Krähen und Sperlinge der ganzen Gegend an, die so lange Mahlzeit auf dem Felde hielten, bis daß nichts mehr darauf zu verzehren, folglich auch nichts mehr unterzupflügen war.

Gegend zwischen Manheim und Heidelberg.

Diese Gegend ist eine der schönsten und der bestkultivirtesten, die das Auge sehen mag. Das Herz erweitert sich bei einem solchen Anblicke, und der Freund des Ackerbaues, der, fern von dem Genusse des Lebens auf solchen himmlischen Gefilden, verdammt ist, gleich mir, seine Tage in dem Kerker einer Stadt zu beschließen, der kann sich einer wehmüthigen Empfindung, dieses Genusses beraubt zu seyn, nicht erwehren. Die Fläche ist unabsehbar und möglichst eben. Alle Wege und Straßen sind mit Nuß-, Aepfel- und Birnbäumen besetzt; Luzerne, Runkeln, Kartoffeln, Taback, Mais, Hanf, wechseln unaufhörlich mit dem Getreide ab, und geben der Gegend das abwechselnde Ansehen eines Gartens, reicher, größer und majestätischer als der Garten von Schwetzingen, von dem ich nichts sagen will, weil ich ihn, wiewohl so nahe dabei, nicht gesehen habe. Mir gelten nur Feld, Wald und Wiese, und das blaue Zelt, das sich über ihnen wölbt.

Die Dörfer sind sehr ansehnlich, liegen aber in einer sichern Entfernung; daher ihre Fluren ziemlich ausgedehnt sind. Diese Fluren sind zwar in drei Arten oder Felder vertheilt; man muß sich aber dadurch nicht irre machen lassen, und glauben, daß hier eine Dreifelderwirthschaft geführt werde. Alsdann verdiente diese Gegend wohl den Namen einer der bestkultivirten nicht.

Man hat hier Winterfeld, Sommerfeld, Brachfeld. Letzteres ist an manchen Orten ausschließlich dem Taback und Klee, ersteres dem Spelz, und da wo der Boden leichter ist, dem Rocken bestimmt. Das Sommerfeld theilt sich zur Hälfte unter

Gerste oder Hafer, und Runkeln, Kartoffeln, Maiẽ. Daraus entsteht dann eine reiche, untadelhafte Sechsfelderwirthschaft, die mit der, welche ich in meiner Schrift über das Elsaß unter dem Namen der Kochersberger Wirthschaft bekannt gemacht habe, viele Aehnlichkeit hat.

Seckenheim.

Ein in der ganzen Pfalz wegen seiner Kultur berühmter Ort. Der Fleiß seiner Bewohner, die Nachbarschaft von Manheim, die Gelegenheit sich von daher Dung zu verschaffen, die natürliche Güte des Bodens, mit einem Worte, Alles trägt dazu bei, aus dem ganzen Banne einen Garten zu bilden, von welchem das Auge des Philosophen und des Landwirthes sich schwerer losreißt, als von einem Parterre, das mit erkünstelten Oranienbäumen und viel kostenden, aber sauern Früchten prangt.

Der Morgen hat hier 100 Ruthen Nürnberger Maaß. Die Wirthschaften sind nicht groß; sie halten 2 bis 3 Pferde. Eine Wirthschaft von 2 Pferden baut 40 Morgen, und füttert 3 bis 4 Kühe das ganze Jahr über auf dem Stalle; dabei stellt sie im Winter noch einige Ochsen zur Mast auf, oder bezieht Dung von Manheim. Man pflügt mit zwei Pferden.

Das Malter enthülseter Spelz wiegt 160 Pfund.
Das Malter Rocken 156 Pfund.
Das Malter Gerste 140 Pfund.

Die Fruchtfolge ist:

1. Taback, gedüngt. Der Ertrag ist 6 Zentner.
2. Spelz oder Rocken. Der Ertrag von Spelz ist 12 Malter. Als Nachfrucht werden Wicken gesäet; aber nicht zum Abfüttern, sondern zum Unterpflügen.
3. Gerste; darauf Rüben. Der Ertrag der Gerste ist 6 Malter.
4. Taback, gedüngt;
5. Spelz oder Rocken;
6. Runkeln; Kartoffeln; Mais.

Es kommt hier also alle drei Jahre Taback vor. Man glaubt nicht, daß dieses öftere Wiederkommen demselben nachtheilig sey; sondern behauptet vielmehr, daß der Acker zu der Hervorbringung dieser Pflanze nur um so geschickter werde, und die Qualität des Tabacks sich verbessere (?). Man düngt mit 6 vierspännigen Fudern, und pflügt dreimal nach Winter. Man will sich bei dem Pflügen vor Winter für den Taback nicht wohl befinden. Holzspäne, Malzkeime sollen große Wirkung darauf hervorbringen; auch wird die Jauche dazu verwendet. Die Tabacksstöcke werden nach dem Blatten untergepflügt. Der Mittelertrag des Tabacks ist 7 Zentner vom Morgen.

Das Säen der Rüben nach Gerste, das ist

als Nachfrucht in demselben Jahre, ist auffallend und ich weiß nicht, ob ich es bis jetzt noch irgendwo gefunden habe. In den Niederlanden würde man durchaus nicht darauf zählen, und ich glaube, mit Recht und aus Erfahrung. Liegt die Schuld an dem Boden, dem Klima, oder an der Behandlung? Das ist eine andere Frage! Man überfährt zu Seckenheim das Rübeland nach der Aussaat mit Jauche, und behackt die Rüben zweimal. Das mag nun wohl einen wesentlichen Unterschied in den Resultaten hervorbringen. Ein Vortheil wäre es, wenn die Stoppelrüben da, wo man ihrer einmal nicht wohl entbehren kann, wie dieses in dem Elsaß der Fall ist, nach der Gerste gerathen wollten, und daher nicht mehr auf das Wintergetreide zu folgen brauchten, welches dem darauf folgenden Sommergetreide, der allgemeinen, und auch zu Seckenheim bestätigten Erfahrung nach, so nachtheilig ist.

Taback, Spelz, Gerste mit Rüben; Taback, Spelz, Kartoffeln oder Runkeln, ist der reichste Fruchtwechsel, der sich denken läßt, und ich wage es zu sagen, für Boden und Gegend, wohin der Taback paßt und wo man sich anderswoher Futter oder Dung verschaffen kann, auch wohl einer der besten. Dreimal wird der Boden in sechs Jahren mit Hackfrüchten *) bestellt, und dreimal gedüngt.

*) Die behackten Rüben nicht mit einbegriffen.

Ich sage dreimal gedüngt; denn die Jauche, welche auf die Rüben gefahren, und die Wicken, die zur Gerste untergepflügt werden, sind wohl einer Düngung gleich. Dieses Unterpflügen der als Nachfrucht gesäeten Wicken macht einen so wesentlichen Unterschied zwischen einer solchen und der gewöhnlichen Dreifelderwirthschaft, daß ich diese auf der Stelle von aller Sündenschuld lossprechen würde, wenn sie ein gleiches Verbesserungsmittel in ihren Umlauf einschieben wollte. Ein Dreifelderwirth sollte funfzig Meilen weit reisen, um so etwas selbst anzusehen. — Groß und erhaben, ich gestehe es, steht die Pfälzer Wirthschaft vor meinem Gemüthe, und würdig den Katheder zu behaupten! Ich fühle mich beehrt, auf einer seiner Stufen zu sitzen, und berufen zu seyn, die Worte zu sammeln, die dieser vortrefflichen Lehrerin entfallen!

Fruchtfolge mit Luzerne:

1. 2. 3. 4. 5. 6. Luzerne.

Diese kostbare Pflanze dauert hier sechs bis sieben Jahre, und verbessert den Boden dergestalt, daß er in eben so viel Jahren nachher keinen Dung braucht. Die Luzerne wird alle Jahre gegipst, und darf erst nach 6 bis 8 Jahren auf demselben Felde wieder zurückkommen. Man säet sie unter die Gerste.

7. Runkelrüben.

Dazu wird der alte Luzernacker vor Winter gestürzt, und nach Winter noch zwei-, dreimal gepflügt. Die Runkeln werden verpflanzt und zweimal behackt. Je weniger man sie blattet, desto besser ist es. Sie sind nur ein schlechtes Milch-, aber ein gutes Fleischfutter; man hält ihren Gebrauch bei den Pferden vortheilhafter, als bei den Kühen.

8. Taback.

Dieser erfodert dennoch Dünger, wiewohl nur die Hälfte vom gewöhnlichen.

9. Spelz;

10. Gerste.

Der Samen von allem Getreide wird untergepflügt.

Klee wird nicht viel gebaut; der Boden ist dazu nicht so gut geeignet, als zur Luzerne. Man säet ihn ebenfalls unter die Gerste, und gipst im Frühjahre mit einem Malter per Morgen. Das Malter kostet 40 Kreuzer. Dieser Gips ist aber bei weitem nicht so gut, als der in dem Elsaß. Auch auf Wicken thut er gute Wirkung; einige wollen sogar eine solche Wirkung auf Gerste und Taback gefunden haben. Zu Rohrbach, wo ich aber nicht gewesen bin, soll der Gips auf tief gelegenen Feldern ohne allen Nutzen seyn.

Das Futter für das Vieh wird nicht geschnitten; man hält es zwar für vortheilhaft, aber auch für sehr umständlich. Es werden hier viele Ochsen mit Rüben und Runkeln gemästet. Der Mais wird zur Schweinemast verwendet.

Wir verdanken obigen Unterricht dem Hrn. Georg Seitz, Vogt zu Seckenheim.

Wiblingen.

Ich fand hier einen kostbaren körnigen Boden, der eine Menge sichtbarer Kalktheile enthält.

Die Fruchtfolge ist:

1. Taback, gedüngt;
2. Spelz;
3. Gerste;
4. Klee;
5. Spelz;
6. Runkeln; Kartoffeln.

Zu Taback wird dreimal gepflügt, und mit sechs Fudern per Morgen gedüngt. Bei dem ersten Pflügen greift der Pflug 5 Zoll tief ein. Ich fand auf einigen Feldern, daß die Pflanzen nur einen Fuß Entfernung unter sich hatten. Manchmal wird der Taback auch ins Kleeland gebracht, nachdem man den ersten Schnitt von diesem abgenommen. Eben so pflanzt man auch Taback nach dem Etzfutter, sobald dieses zur grünen Fütterung abgeschnitten worden ist.

Sobald die Tabacksstöcke mit der Hacke ausgehauen worden sind, wird Spelz über den nicht gepflügten Acker gesäet und der Samen sammt den Strunken untergepflügt; darauf wird geegget, und obgleich die Egge wieder mehrere Strunke in die Höhe bringt, so wird darauf nicht geachtet, und man läßt sie auf dem Felde liegen.

Sogleich nach der Spelzernte werden in demselben Jahre Wicken ausgesäet. Man nimmt auf einen Morgen von 120 Ruthen Nürnberger Maß vierthalb Sömmer Wicken. Man könnte auch mehr nehmen, denn das dichte Säen kann hier nicht schaden. Die Wicken werden vor dem Froste untergepflügt; sind aber Keime gesäet worden: so muß das Feld zweimal vor Winter gepflügt werden, wenn man gute Gerste haben will.

Da ich in dem Elsaß die Schädlichkeit der Stoppelrüben, als Vorgänger der Gerste, kennen gelernt hatte; da man mir in der Pfalz bewies, wie nothwendig das mehrmalige Pflügen vor Winter zu einer guten Gerstenernte sey; da ich sah, daß die einsichtsvollen Pfälzer statt den Boden durch die der Gerste so nachtheiligen Stoppelrüben auszusaugen, ihn vielmehr durch das Unterpflügen eines andern wohlthätigen Gewächses zu bereichern suchen: so schlug ich mir an den Kopf und bekannte meine vorige Unwissenheit, und ärgerte mich über jene blinde Gefälligkeit, mit der ich oft sogar meinen Nachbaren erlaubt hatte, Stoppelrüben gratis auf meine Felder zu säen. Freilich hatten sie sich für die Unschädlichkeit dieser Vorrichtung, und ich glaube gar für ihre Nützlichkeit verbürgt. Es waren meine ersten Lehrer, und als solchen mußte ich ihnen ja glauben!

Der Gips soll zu Wiblingen auch auf die Gerste und den Spelz vortreffliche Wirkung thun, wie mich dessen Hr. Vogt Helmreich, der die Gefälligkeit gehabt hat, sich mit mir über den Ackerbau seiner Gegend zu unterhalten, versichert hat. Da ich auf meinen Reisen auch an andern Orten dasselbe gehört habe, und wieder an andern dasselbe widersprochen wurde: so wird bei dem Gipse wohl Alles auf die Natur des Bodens ankommen, auf welchem er angewendet wird, und so könnte es seyn: daß der Gips an einigen Orten auf Alles, an andern nur auf die Kleearten und Pflanzen mit Schmetterlingsblumen, an andern auf nichts Wirkung hervorbringe. So können oft alle Parteien bei einem Streite Recht haben!

Man schätzt den Ertrag des Spelzes zu 12 Malter, den der Gerste und des Hafers zu 4½ Malter. Auf 40 Morgen werden zwei Pferde, vier Kühe, zwei Rinder gehalten. Das Vieh wird auf dem Stalle gefüttert. Hr. Helmreich machte die richtige Bemerkung, daß das Futterschneiden bei schlechtem Futter seinen besondern Nutzen habe, weil es in diesem Zustande sich mit besserm Futter vermischen läßt, und dann von dem Vieh nicht verschmähet wird.

Heidelberg.

Ich wurde hier mit einem sehr würdigen Landwirthe, Hrn. Forstrath Rettig, bekannt. Ich muß bedauern, daß mir die ausführlicheren Notizen über seine Wirthschaftserfahrungen, und die seiner Gegend, die er mir nachzusenden versprochen hatte, nicht zugekommen sind. Ganz gewiß haben andere Geschäfte diesem lieben Manne die Erfüllung seines Versprechens unmöglich gemacht. Was hier folgt, habe ich seiner mündlichen Unterredung zu verdanken.

Die Fruchtfolge um Heidelberg ist ebendieselbe, die wir auch schon zu Seckenheim und Wiblingen gefunden haben.

Hr. Rettig bestellt einen Theil seiner Kleefelder mit Taback. Sobald der Klee einmal benutzt ist, wird zweimal gepflügt. Hat er kurzen Dünger: so wird er auf die Kleestoppel gebracht und mit derselben umgestürzt; wo nicht, so wird zu dem zweiten Pflügen gedüngt. Um den dadurch entstehenden Kleeabgang zu decken, und auch von den übrigen Kleefeldern einen Theil des ersten Schnittes zu Heu machen zu können, säet Hr. R. eine Menge Etzfutter, das ist ein Gemisch von fünf Sömmer Wicken, einem Sömmer Gerste, einem Sömmer Hafer und etwas Mais auf den Morgen von 160 Ruthen Nürnberger Maß. Sobald dieses abgefüttert ist, welches um Johannis Statt hat, wird gepflügt, das Land mit Jauche überfahren und Taback hineingepflanzt. Wenn das Feld zu dem Etzfutter gedüngt worden ist, so zweifle ich nicht, daß auf diese Weise noch sehr guter Taback darauf wachsen kann, und das Feld wäre höchstmöglich benutzt.

Hr. Rettig, der die Kleesamenerzielung ins

Große treibt, hat funfzehn Jahre über die auffallendste Erfahrung gemacht, daß sie den Boden sehr stark angreife. Er kann nur dadurch das Gleichgewicht wieder herstellen, daß er den Spelz auf den Kleeäckern, welche Samen getragen haben, im Winter mit Jauche überführen läßt. Wo dies nicht geschehen war, band er in einem Jahre von fünf Morgen 680 Garben auf, statt daß die fünf daran stoßenden, welche keinen Kleesamen getragen hatten, 980 Garben Spelz gaben.

Hr. Rettig ist der Meinung, daß kein Gewächs den Boden weniger angreife, als der Mohn. Er glaubt auch nicht, daß die Runkeln, deren er seit einiger Zeit sehr viel gebauet hat, durch das Anhäufeln weniger zunehmen. Zur Schweinemast zieht er den Mais vor. Die Felder dieses letzten dienen auch zugleich zum Kohl- und Bohnengarten. Durch diese mannichfaltigen Gegenstände werden sie natürlicher Weise sehr stark erschöpft; allein auch hier hilft der Pfuhl der nachfolgenden Gerste aus. Unter diese Gerste säet er vorzugsweise Klee. H. Rettig ist durchaus der Meinung, daß der Klee unter keine andere Gerste gesäet werden dürfe, als unter solche, die auf behackte Brachfrüchte gefolgt ist.

Rosenhof.

Da ich von Manheim aus den Weg längs dem linken Ufer des Neckers nach Heidelberg genommen hatte, so wollte ich längs dem rechten Ufer dieses Flusses wieder dahin zurückkehren.

Mitten in der schönen Fläche, in einer kleinen Entfernung von Ladenburg, liegt ein angenehmer Hof, welcher durch die Höflichkeit und Güte seiner Besitzerin, der Madame Ehrmann, und dem thätigen Betriebe des Herrn Ferkels, eines wissenschaftlichen Landwirths, noch mehr erhöhet wird. Es würde nur Ein Vergnügen seyn, auf ökonomische Reisen auszugehen, wenn man allenthalben auf eine solche Weise empfangen würde, als es der Verfasser dieser Schrift auf dem Rosenhofe ward. Es ist doch tröstlich, wenn man unter so vielen Dornen auch einmal eine Rose auf seinen Reisen findet.

Der hiesige Hof hat eine Ausdehnung von 220 Morgen Ackerland, zureichende, schöne und bequeme Wirthschaftsgebäude. Insonderheit zeichnet sich der Stall durch alle Vortheile aus, die man sich dabei wünschen kann. Er ist äußerst geräumig, lüftig, und ob er gleich nothwendig durch einige Durchschläge in verschiedene Ställe untervertheilt ist, so hindert das nicht, den ganzen innern Raum, worin sich Pferde und Kühe befinden, mit einem Blick übersehen zu können. Ich bemerkte auf dem ganzen Hofe viele Thätigkeit, Eifer und Ordnung, die dem Herrn Wirthschaftsdirektor alle Ehre machen.

Man unterhält 6 Pferde, 4 Zugochsen, 6 Kühe, 6 Rinder, 6 Kälber, 1 Bullen, und eine sehr schöne Race von Schweinen, die ich, außer in Westphalen, nicht so getroffen habe. Die Pferde werden im Winter mit Kleeheu, oder mit Hafer und Stroh, oder mit Runkeln und Stroh unterhalten. Die Zugochsen werden im Winter gemästet, welches um so leichter fällt, als die Wirthschaft mit einer kleinen Branntweinbrennerei verbunden ist. Das Rindvieh bleibt, so viel ich weiß, das ganze Jahr über auf dem Stalle. Die Zuzucht scheint äußerst stark; allein H. Ferkel findet, da er nur schönes Vieh hält, Vortheil bei dem Absatze.

Der Boden ist zum Theil schwarzer, zum Theil sandiger Lehm, also überhaupt fruchtbar und zu Allem geeignet. Ich sah mit einigem Widerwillen, daß man ein äußerst schönes, großes, an den Hof stoßendes Feld mit jungen Obstbäumen angepflanzt hat, wodurch es in der Folge nothwendig dem Pfluge entrissen wird. Die süße Pomona sollte billig nicht so weit in die besten Besitzungen der heiligen Ceres eingreifen, und sich mit einer kleinen Nebendomaine begnügen!

Die Fruchtfolge, welche ich auf dem Gute der Madame Ehrmann gefunden habe, weicht von der zu Ladenburg um Vieles ab. Sie heißt:

1. Taback, mit zwölf zweispännigen Fudern gedüngt;
2. Wicken, welche entweder grün abgefüttert oder untergepflügt werden;
3. Raps;
4. Gerste — Rocken;
5. Runkeln — Kartoffeln;
6. Hafer;
7. Klee;
8. Spelz, darauf Rüben.

Oder auch 5. 6. 7. 8. 9. 10. Luzerne, darauf Runkeln und Kartoffeln. Die Luzerne ist mehr für den hiesigen Boden geeignet, als der Klee. Die ganze Feldeintheilung besteht in

60	Morgen	Luzerne,
20	—	Klee,
20	—	Wicken,
20	—	Wurzelwerk,
20	—	Raps,
20	—	Taback,
20	—	Gerste,
20	—	Hafer,
20	—	Spelz.

Sie hat also an

Futterkräutern . .	100	Morgen,
Wurzelwerk . . .	20	—
Handelsgewächsen .	40	—
Getreide	60	—

Dieses letztere verhält sich also gegen die Masse der übrigen Gegenstände wie 3 zu 8. Auf einem solchen Boden scheint dieses mir zu wenig. Auch scheint mir der Viehstand zur Benutzung der großen Menge Futters nicht zuzureichen, also auch für das Opfer von 100 Morgen so schönen Landes nicht zureichend zu lohnen. Es müßte denn der Fall seyn, daß Futter verkauft, oder sonst noch Vieh, als Schafe oder Mastvieh, davon unterhalten würde.

Hr. Ferkel hat einige Versuche gemacht, den Raps ohne Zwischenkunft der Wicken unter den Taback selbst anzusäen, wenn dieser zum letztenmale behackt wird, und guten Trieb hat. Ist aber der Taback schwach, so wird kein Raps darunter gesäet, indem dieser den Taback überwachsen würde. Ich erwarte, daß Hr. Ferkel diese Versuche fortsetzen und mir die Resultate davon in der Folge gütigst mittheilen wird. Bis dahin läßt sich über den Werth oder Unwerth jenes Verfahrens nichts entscheiden. Hr. Ferkel läßt die Tabacksstämme nicht mit der Wurzel aushauen, welches auch unter dem Rapse unmöglich seyn würde. Sie werden nur über der Erde weggehauen. Auch da, wo kein Raps steht, scheint mir diese Weise Vorzüge zu haben, indem alsdann Alles leichter und mit mehr Ordnung untergepflügt werden kann, als wenn Wurzeln und Stiele noch an einander hangen.

Ich erinnere mich nicht, in der ganzen Gegend zwischen Heidelberg und Manheim Esparsette gesehen zu haben. Vielleicht, daß man den Boden allzu kostbar dazu findet; sonst würde ich Hrn. Ferkel gerathen haben, den Versuch zu machen, sie unter den Taback zu säen, wie er mit dem Rapse verfährt. Er legt sich stark auf die Erzielung des Kleesamens. Der Gips thut hier die vortrefflichste Wirkung. Hr. Ferkel findet, daß ein gepfuhlter (mit Jauche befahrner) Kleeacker, einem gegipsten nicht gleich komme. Dagegen wird die auf den gepfuhlten Klee folgende Frucht besser, als die auf den gegipsten. Pfuhl und Gips vereint würde also Alles leisten, was sich nur von dem Klee erwarten läßt.

Ehe ich den Rosenhof verlasse, muß ich noch des Inhaltes eines Gesprächs gedenken, das ich daselbst mit einem angehenden Landwirthe aus der Nachbarschaft gehabt habe. Vielleicht wird es ihm Vergnügen machen, die wohlwollenden Winke, die ich ihm gab, hier in gedrängter Kürze zusammenzufinden. Vielleicht können sie auch noch manchem andern jungen Manne frommen, oder doch ihn vor Schaden hüten.

Kein Mensch kann mehr Feind eines unsinnigen Schlendrians, noch mehr Freund von jeder verbesserten Veränderung seyn, als der Verfasser dieser Schrift; allein nicht jeder hergebrachte Gebrauch, oder, wenn man will, nicht jeder Schlendrian, der unsrer Lektüre, unsern theoretischen Kenntnissen, und selbst praktischen Erfahrungen entgegenstimmt, ist darum unsinnig; folglich ist auch nicht jede Abänderung eine Verbesserung. Es war eine Zeitlang Mode, und ist es bei Manchen, leider! noch: die hergebrachten Gebräuche sowohl in politischer als religiöser Hinsicht zu tadeln, und eine Meinung schon darum zu verwerfen, weil sie von den Urältern auf uns überkommen, und von den Kindeskindern, ohne fernere Untersuchung, auf Treu und Glauben angenommen worden ist. Man nannte dieses Vorurtheil, und nicht mit Unrecht. Allein zwischen Vorurtheil und Irrthum, eben so wie zwischen Urtheil und Wahrheit, liegt noch ein wesentlicher Unterschied. Unser Urtheil trügt nicht selten, und unsre Vorurtheile stimmen oft mit der Wahrheit zusammen. Es kommt also bei der Untersuchung nicht darauf an: ob sich unsre Meinung auf ein Vorurtheil, sondern auf Recht und Wahrheit gründe? Nicht ob das, was wir thun, ein neuer oder veralteter, sondern ob es ein guter oder nützlicher Gebrauch sey? Nicht ob dieses oder jenes in unser vorgefaßtes System, sondern ob es auf unserm Boden und zu unsern andern Verhältnissen passe? Sollte selbst der alte Schlendrian unsrer Gegend einer anerkannten Wahrheit zuwider seyn: so müssen wir uns doch hüten, ihn vor gehöriger Prüfung gänzlich zu verwerfen; denn auch eine Wahrheit leidet ihre Ausnahmen, und ihre Anwendung erfodert Behutsamkeit.

Uebrigens müssen wir immer geneigt seyn zu glauben, daß das, was in einer Gegend allgemein üblich ist, nicht ganz ohne Grund seyn kann, und liegt dieser Grund nicht in der Sache selbst: so liegt er in andern Nebenumständen, in dem Ganzen der Wirthschaft, in der Gegend, dem Boden, dem Klima, den Menschen u. s. w. Ein alter allgemeiner Gebrauch hat immer etwas für sich. Gleicht er auch manchmal nur einem alten Rade: so paßt dieses alte Rad vielleicht besser in die einmal eingerichtete Maschine, als ein neues. Vielleicht würde Alles in dieser stocken, wenn man vor der Hand etwas darin verrücken wollte.

Selbst eine auffallende Verbesserung ist für einen angehenden Landwirth und auch für einen mehr erfahrnen, der in eine fremde Gegend versetzt wird, nicht ohne reife Ueberlegung zu unternehmen. Oft fällt es im Anfange unmöglich, einem Mangel abzuhelfen und dem Unsinne eines eingewurzelten Gebrauchs zu steuern. So wie wir nicht über Wind und Wetter, so können wir auch nicht allezeit über Umstände und Zufälle gebieten. Ein junges Pferd z. B. ist leichter zu bändigen, als der starre Sinn eines rohen ungebildeten Knechts, als der Widerspruchsgeist einer unholden Magd. Man muß sich oft die Menschen erschaffen, ehe man zur Ausführung seines Zwecks schreiten kann. Ich würde zu weitläufig werden, wenn ich die tausend und eine Beschwerde anführen wollte, die man im Anfange bei Verbesserung einer Wirthschaft zu bekämpfen hat. Man muß sich daher voraus zum Kampfe gerüstet haben, wenn man ihn mit Ehren bestehen will. Wer nur einmal die Hand an die Stürze eines neuen Pfluges gelegt hat, der wird mich ohne Weiteres verstehen.

Meinen angehenden Gefährten aber muß ich hier ein kleines Geständniß machen. Auch ich war einst von dem heiligen Feuer des Geistes der Verbesserung ergriffen, und ich bin es noch. Nur lodert nicht mehr so rasch, wie in frühern Jahren, die Flamme in mir auf, nachdem ich einigemal die Schwingen daran versengt habe. Klüger durch eigene, klüger durch fremde Erfahrungen, die ich zu sammeln Gelegenheit gehabt habe, würde ich bei dem Antritt einer Wirthschaft an einem fremden Orte nur sehr behutsam zu Umänderungen schreiten. Ich würde gleich Anfangs es gerade so, wie die Bessern meiner Nachbaren machen, und mich begnügen, im ersten Jahre mein ganzes Augenmerk auf alle natürliche, zufällige und örtliche Umstände zu richten, die mich umgeben. Darauf würde ich meinen Verbesserungsplan für die Zukunft berechnen, und selbst seine Ausführung sollte nur einen allmähligen Schritt gehen. Wer nie einen Schritt zurückzuthun braucht, geht schnell genug voran: statt daß ein Läufer sich oft und in einem Kreise herumtreibt, und wieder zu der Stelle zurückkehrt, von welcher er ausgegangen ist. Das Fehlerhafte sollte nur vor und nach weggeschafft, dem Mangelhaften unvermerkt nachgeholfen, das Gute dauerhaft beibehalten werden, und nur erst spät würde ich das Gute durch etwas Besseres zu ersetzen suchen.

Mit einem Worte: Wenn ein allmähliges

Verbessern auch nicht immer der Weg des Weisern wäre: so bleibt es doch meistens der leichteste und sicherste Weg.

Ladenburg.

Fruchtfolge auf dem Boden erster Classe:

1. Taback, gedüngt;
2. Spelz;
3. Gerste;
4. Klee;
5. Spelz;
6. Gerste.

Wenn dieser Umlauf so ununterbrochen Statt hat: so ist es ein Erzdreifelder, den ich bisher, zum Glücke der Pfalz! noch nicht in diesem Lande getroffen habe. Allein ganz gewiß läuft hier ein Irrthum unter, und ich bin überzeugt, daß das Sommergetreide hier eben so wenig als im Elsaß alle drei Jahre ungestraft wiederkommen darf.

Behandlung.

1) Man düngt zum Taback mit zehn Fuder; pflügt drei-, noch besser viermal; hackt zweimal; häufelt nur wenig, an einigen Orten jede Zeile für sich, an andern je zwei und zwei Zeilen zusammen. Die Löcher, worein die Pflanzen gesetzt werden sollen, werden bei trockner Witterung vor-

her angegossen, die Pflanzen eingelegt, der Grund wird etwas an die Wurzel angedrückt, und das Loch mit trocknem Grunde zugescharrt.

2) Der Spelz wird, auf wohlgebautem Acker, untergepflügt, auf schlechtgebautem untergeegget. Soll Gerste darauf folgen: so werden im Spätjahre keine Rüben nach dem Spelze gesäet, sondern Wicken, die vor Winter untergepflügt werden, um der künftigen Gerste zum Dung zu dienen. Es ist dieses eine löbliche, nicht genug zu empfehlende Gewohnheit.

3) Im Frühjahre wird ein solcher mit Wicken gedüngter Acker nicht gepflügt, sondern geegget, die Gerste gesäet und diese untergeackert.

4) Die Gerste, unter welche Klee kommen soll, wird nicht ganz so dicht gesäet als gewöhnlich. Es giebt Jahre, wo bei trocknem kalten Frühjahre der Klee unter der früh gesäeten Gerste ausdorrt.

5) Der Spelz wird auf die Kleestoppel gesäet und untergepflügt. Darauf wird geegget. Diese Bestellungsart hat nur bei günstigem Wetter Statt; ist dieses aber sehr trocken oder sehr naß: so wird die Kleestoppel vorher umgepflügt und der Spelz eingeegget.

Fruchtfolge auf schlechtem Boden, oder bei Mangel an Dung:

1. Wicken, mit $^3/_4$ Malter Gips bestreut;
2. Kartoffeln;

3. Gerste;
4. Klee, gegipst mit $1\frac{1}{2}$ Malter;
5. Spelz;
6. Hafer.

Diese Fruchtfolge kann hier zwanzig, ja dreißig Jahre ohne Dung so durchgeführt werden. Ich vermuthe aber, daß man die Wicken grün abfüttert. — Ein richtiger Fruchtwechsel ist also wohl keine Narrenspoſſe. Schwerlich wird man auf dem Wege der Dreifelderwirthschaft das schwere Räthsel lösen: wie ein geringer Boden ohne Dung und ohne Brache zwanzig bis dreißig befriedigende Ernten hinter einander geben kann. Wenn die Dreifelderwirthschaft es nicht durch eine tüchtige Zulage von Wiesen, und Beihülfe von reiner Brache erzwänge: wo sollte sie es herholen? — Wenn die Bewohner von Ladenburg den reinen Ertrag ihrer guten Lande, nach der Fruchtfolge die wir höher angegeben haben, mit dem reinen Ertrage ihrer schlechten Lande, nach dem darauf üblichen Fruchtwechsel, zusammenhalten: so steht die Wette, daß die letzten die ersten um die Hälfte übertreffen. Ich verstehe das von einer rationellen, und keiner gewöhnlichen Bauernberechnung.

Man hält hier auf 70 Morgen vier Pferde und zehn Stück Hornvieh, welches auf dem Stalle gefüttert wird.

Es schien mir, daß man zu Ladenburg die besten Pflüge verfertige, die ich in der ganzen

Pfalz gesehen habe. Ueberhaupt ist der Pflug der Pfälzer besser geformt als der der Elsasser. Das Schaar bildet ein halbes Dreieck, greift also nach der Landseite nicht ein. Das Streichbrett ist von Holz ohne alles Eisen, hat aber nach der Vorderseite eine zu breite Wölbung oder Brust, die sich dem Grunde entgegenstemmt und ihn vor sich her treibt. An einigen dieser Pflüge beträgt die Breite dieser Brust 3 bis 4 Zoll. Man denke sich, wie sehr solches ihren Gang erschweren muß! Die Ansicht der Feldwege, auf welche die Ackerstücke mit ihren Enden auslaufen, zeigt sattsam durch ihre Erhöhung, wie viel Grund der Pflug vor und nach mitschleppt, und sich dessen erst beim Umdrehen auf dem Wege entledigt. Liefe das Streichbrett nach dem Schaar zu flach aus: so würde der Grund sogleich nach der Seite gleiten, und durch die hintere richtige Schweifung umgekehrt werden. Auch sieht man an dem Verschleißen jener gewölbten Vorderseite, wie sehr der Pflug von dem Widerstande leide. Richteten sich die Stellmacher nach dieser natürlichen Anzeige: so würden sie nothwendig alle diejenigen Theile bei ihrer Arbeit wegnehmen, die der Grund vor und nach abzureiben hat, und die Friktion würde sich nicht mehr auf einem einzigen Punkte konzentriren. Dann scheinen diese Arbeiter durchaus kein Ebenmaß bei Anfertigung der Streichbretter zu beobachten. Da sie ihrer doppelten Schweifung wegen aus einem dicken Stücke Holz herausgearbeitet werden müssen: so werden sie nach dem Zufalle, oder nach Wohlgefallen mehr oder weniger gewölbt oder geschweift, und alle Pflüge können daher nicht ebenmäßig gut gehen. Eine standhafte Verbesserung des Pfälzer Pfluges würde nur durch ein ganz eisernes Streichbrett erzweckt werden können. Wäre zu seiner Anfertigung einmal die Anstalt auf einem Eisenhammer getroffen, und eine gute Form dafür festgesetzt: so würde ein Pflug dem andern bei der Arbeit gleichen, und der Landwirth nicht von dem bloßen Eigensinne eines Stellmachers abhangen, der das Streichbrett bis jetzt aufs Gerathewohl aus einem Blocke herauszimmert, und dem es oft mehr um eine Krümme als zweckmäßige Schweifung zu thun ist. Wesentlich bei einer einzuführenden Verbesserung wäre: das Schaar nach seinem Hefte und der Landseite zu um etwas zu erhöhen und das Streichbrett weiter darauf vorlaufen zu lassen, damit es den von dem Schaare ausgestochenen und schon etwas gehobenen Grund unmittelbar fortheben und nach der Seite bringen könne. Das unmittelbare Aufliegen des Schaars auf dem Streichbrette und die fortlaufende gleichmäßige Wölbung beider nach der Höhe und der Seite, die ich noch an keinem einzigen als dem Brabäntischen Pfluge bemerkt habe, giebt diesem, ungeachtet seiner anscheinenden Schwere, eine ungemeine Leichtigkeit bei der Arbeit. Ein ungestörtes, unabgesetztes, ebenmäßiges Steigen, Rutschen und Wenden des Grundes auf einer glatten eisernen Oberfläche verhindert alles unnöthige Reiben, und ist mithin eine der Haupteigenschaften eines guten Pfluges.

Heidenheim.

Die Tabacksfelder, die man hier findet, sind unabsehbar, und man könnte diesen Ort mit Recht Tabacksheim nennen. Es fiel mir, als einem Bewohner des linken Rheinufers auf, alle zehn Reihen eine, oder alle zwanzig Reihen ihrer zwei zu sehen, denen man die Blätter nicht genommen hatte, da doch die übrigen schon alle geblattet waren. Diese noch stehenden Reihen waren also für den Zehntherrn bestimmt. Ich bin kein Feind alter Gebräuche, am wenigsten derer, die einen religiösen Ursprung haben. Ich finde es nicht so bitter, wie manche Andere es finden, einer guten Sache, oder demjenigen einen Theil, in sofern er nicht zu stark ist, von dem Ertrage meiner Felder zukommen zu lassen, der es an mir, meinen Kindern, oder dem Staate auf einem andern Wege verdient; allein ich glaube, daß, wenn die Israeliten Taback und Krapp gebauet hätten, auf welche so außerordentliche Arbeit fällt, daß man wirklich davon sagen kann: materiam superat opus, daß, sage ich, vielleicht eine Ausnahme zu Gunsten solcher Gegenstände gemacht worden wäre. Es ist hier nämlich weit mehr die Arbeit als die Produktion der Erde, die verzehntet wird; und diese Arbeit ist keine gewöhnliche, es ist eine außerordentliche Arbeit, die den Boden mit doppeltem und dreifachem Schweiße anfeuchtet, der solche Gegenstände hervorbringen soll. Das Feld also, das bei gewöhnlicher Kultur den zehnten Theil von seinem rohen Ertrage abgiebt, sollte bei dem Taback, dem Krapp und Gegenständen solcher Art nur den zwanzigsten oder dreißigsten Theil davon abgeben; und würde es ganz frei gelassen, so würde der Zehntberechtigte noch nichts durch den Anbau solcher Gegenstände verlieren.

Ich setze den Fall, wir träten nur um 30 bis 40 Jahre in den Fortschritten des Ackerbaues zurück, in die traurigen Zeiten, wo noch kein Kleebau, folglich kein Futter fürs Vieh, also kein Dung fürs Feld da war, und fänden, wie man damals an den meisten Orten fand: 1. Brache, 2. Wintergetreide, 3. Brache, 4. Sommergetreide u. s. f. zwölf bis achtzehn Jahre, ehe das Land wieder Dünger zu sehen bekam. Nun frage ich: ob der Zehntherr in diesem Falle mehr Getreidegarben in jenen 12 bis 18 Jahren von dem Lande aufnehmen würde, als er in eben dieser Zeit bei der nunmehr durch den Kleebau so sehr verbesserten Kultur von einem alle 2, 3 bis 4 Jahre gedüngtem Felde aufnimmt? Dasselbe würde eintreffen, wenn an manchen Orten der Bauer keinen Krapp oder Taback pflanzte, wozu er den Mist in den

Städten aufkauft, und ihn aus seinem Beutel und nicht aus dem des Zehntherrn bezahlt. — Wie aber darf man solche Dinge, die, durch ihre Einwirkung auf die künftigen Generationen der Getreideernten, das Einkommen des Zehntberechtigten nicht allein nicht schmälern; sondern es um ein Drittel oder Viertel vermehren, wie sage ich: darf man diese verbessernde Mittel selbst in Anspruch nehmen, um sich doppelt bezahlt zu machen? Das heißt wohl: die Gabe sammt der Schüssel verschlucken wollen.

Ich sprach höher von dem Zehnten für den Fall, daß sein Antheil nicht zu stark ist; das ist er aber an vielen Orten, und immer zum unausbleiblichen Nachtheile des Ackerbaues und seines Betreibers. Man macht sich gewöhnlich keinen gehörigen Begriff von dem Gehalte dieser Abgabe, weil man nicht gehörig unter dem rohen und reinen Ertrage unterscheidet. Theilte der Zehentberechtigte sich in diesem, so wäre die Abgabe nur eine Kleinigkeit; allein da er mit den Kosten der Bestellung nichts zu thun hat, so geht er auf den rohen Ertrag los, nimmt seinen Antheil davon ab, und überläßt es den Bauern, die darauf verwendeten Kosten und Arbeit auf den Rest des ihm übrig bleibenden rohen Ertrages zu vertheilen, wodurch dann dieser um so tiefer herabsinkt. Beispielshalben nehmen wir einen Morgen Land von der ersten Classe an. Wir setzen die Betriebskosten davon im Durchschnitte der Jahre zu 10, 8 Florin, und seinen rohen Ertrag mit Inbegriff des Strohes zu 21 Fl. an. Nun kömmt der Zehntherr und zieht von diesem seinen Theil, das ist 2, 1 ab. Es bleiben dem Bauer also noch 18, 9. Hiervon für Arbeit und Auslagen ab . . . 10, 8.

Bleibt dem Bauer rein . . . . 8, 1.

Vergleichen wir den reinen Ertrag dieses letztern mit dem ersten, so hat der Bauer $^4/_5$, der Zehntherr aber $^1/_5$. Der Vortheil des Zehntberechtigten auf mittelmäßigem Boden ist noch auffallender. Die darauf fallenden Kosten mögen ungefähr 6 Fl. und der rohe Ertrag 10 Fl. gleichen. Der Antheil des Zehntherrn ist 1 Fl., der des Bauern bleibt also 9.; davon die Bestellungskosten abgezogen, bleiben dem Bauer noch 3. Hier zieht also dieser $^3/_4$, der Zehntherr $^1/_4$; das heißt, dieser zieht auf sehr gutem Boden in fünf Jahren, und auf Mittelboden in vier Jahren den ganzen reinen Ertrag des ganzen Ackers. — Da die Grundsteuer in Frankreich gesetzmäßig nicht über den fünften Theil des reinen Ertrages wegnehmen soll, so ist kein Wunder, wenn der Bauer sich besser dabei steht, als da er noch die zehnte oder elfte Garbe abliefern mußte. Dabei kehrt das sämmtliche Stroh wieder zu dem Acker zurück, und diese Wohlthat ist mehr werth als die Geldersparniß.

Oggersheim.

Wir befinden uns nun wieder auf dem linken Rheinufer, Manheim gegenüber.

Auf mein Anfragen gab man mir Herrn Ignatz als den Mann an, den ich suchte. Er hatte die Güte zu kommen, um den Abend mit mir zu verplaudern. Herr Ignatz ist kein geborner Bauer, und hat nichts aus Büchern gelernt, welches letztere ich so sehr in meinen Inquisiten liebe. Gleich mir waren Erfahrung und Unterhaltung mit vernünftigen Landwirthen seine ersten Lehrer. Er brachte es so weit, daß er nun selbst von seinen Nachbaren zu Rathe gezogen wird. Es machte mir ein unsägliches Vergnügen, wenn ich ihn mit so vieler Wahrheit und so treffend über verschiedene Gegenstände des Ackerbaues sprechen und urtheilen hörte, und er so manche Gedanken wie aus meinem Herzen hervorzog, und zur Sprache brachte. Er selbst bauet 60 Morgen; hält zwei Pferde und 7 — 8 Kühe.

Obgleich man zu Oggersheim mit Wiesen versehen ist, so wird das Vieh im Sommer doch größtentheils im Stalle gehalten; im Winter wird warm gefüttert. Nicht alle Kühe können die rohen Kartoffeln vertragen.

Wenn die Luzerne auf dem rechten Rheinufer der Pfalz das Hauptfutterkraut ausmacht, so macht es die Esparsette auf dem linken Ufer. Es sind daher auch alle Fruchtfolgen darauf berechnet. So hat man zu Oggersheim auf sandigem Boden

1. Brache gedüngt.
2. Rocken.
3. 4. 5. Esper gegipst.
6. Rocken.
7. Kartoffeln.
8. Taback gedüngt.
9. Rocken.
10. Gerste.
11. Hafer.

Wir wollen einmal zum Versuche diesen Fruchtwechsel an den Probierstein rationeller Grundsätze streichen um über seinen Gehalt zu urtheilen.

1. Reine, gedüngte, und wie vorauszusetzen, wohlbearbeitete Brache. Was uns dazu berechtiget, werden wir bei dem Schlusse des Umlaufes finden.

2. Eine bessere Zubereitung als reine Brache konnten wir, in Bezug auf Korn und Stroh, dem Rocken nicht geben.

3. 4. 5. Die Esparsette, die in jenen Rocken gesäet worden, findet einen kräftigen Boden und reinen Stand. Mehr bedarf sie nicht.

6. Nach dem Esper ist der Boden zu allem fähig. Wir würden daher Spelz gewählt haben, allein da der Rocken sich eher mit etwas Unreinlichkeit verträgt, und der Boden sandig ist, so nehmen wir Rocken, der uns dann auch mehr Stroh giebt.

7. Eine einzige Getreideernte konnte den Bo-

den nach einer dreijährigen Dreische nicht erschöpfen. Ein guter Theil des Rückstandes der Espermwurzeln bereichert noch den Boden. Allein dieser ist in obigen fünf Jahren verunkrautet. Der Hackfruchtbau steht also hier an seinem Platze, er ist nothwendig. Wir pflanzen Kartoffeln, und sie kommen mit Macht.

8. Der Boden ist nun mürbe, er ist rein, der Taback findet also darin ein gemachtes Bett, so wie er es wünscht. Dabei kommt der Dünger dem Acker, der übrigens noch in gutem Stande ist, zur Hülfe. Die Hacke, welche der Taback erfodert, arbeitet zugleich den darauf folgenden Früchten vor, und nun mögen zum Beschlusse des ganzen Umlaufes ungestraft drei Getreideernten

9. 10. 11. hintereinander folgen; um so mehr, als in den acht vorhergehenden Jahren nur zwei solcher Ernten den Boden gedeckt haben. Wäre der Boden etwas schwerer, etwas feuchter, so würden wir Weizen auf den Taback haben folgen lassen; da das nicht ist, müssen wir uns mit Spelz begnügen. Der Gerste darauf wird nichts fehlen, und der Hafer mag sich durchschlagen, was er auch hier zu Lande ohne Mühe thut, wenn man die Erde dazu so behandelt, wie wir bei Speyer und auch anderswo in der Pfalz gesehen haben. Nun aber ist es Zeit zum Einhalten, wenn der Gaul nicht erliegen soll. Reinigung, Krafterneuerung, Auflockerung, Durchlüftung des Bodens sind nöthig, und nichts gewährt das in einem so voll-

kommenen Grade, als gedüngte, reine, wohlbearbeitete Brache. Wir fangen daher bei ihr oder Nro. 1. wieder an.

Ich glaube, daß so etwas eine rationelle Wirthschaft heißen kann. Setzt man hinzu, daß jener elfjährige Umlauf nur mit zweimaligen Düngen durchgesetzt worden ist: so ist diese Wirthschaft auch der strengsten Oeconomie nicht zuwider. Der Leser wird aber die Güte haben zu bemerken, daß es die Esparsette ist, die das Leben in jenen Fruchtwechsel gießt.

Fruchtfolge auf Lehmboden:

1. gedüngte Brache.
2. Raps.
3. Spelz-Weizen.
4. Gerste.
5. Hafer.
6. Klee oder Esper.

Oder: man verpflanzt in dem zweiten Jahre Runkeln in das Land, sobald der Raps weg ist, also als Nachfrucht; dann nimmt man aber fürs dritte Jahr kein Wintergetreide, sondern Gerste. Will man darauf im Vierten Hafer nehmen, so muß das Land, wenn er gerathen soll, von neuem gedüngt werden. So viel Kraft sollen die Runkeln dem Boden entziehen! Man ist in Mutterstadt derselben Meinung, und findet, daß das Wintergetreide nicht darnach wachsen will, selbst wenn zu diesem gedüngt wird.

Ob der für schweren Boden angeführte Fruchtwechsel mir ganz angegeben worden, daran zweifle ich; indem nach dem Klee die Reihe nicht wieder mit Brache anfangen kann; es sey denn, daß man unter der Brache das zweite Kleejahr verstehe, wo das Feld mit einem Schnitte gestürzt, und mit Raps bestellt würde. Daß aber Klee und Esper bei jenem Umlaufe in einen Boden kommen, der drei Getreideernten hintereinander getragen hat, das wird wohl kein rationeller Landwirth billigen können.

Man beobachtet, daß es seit zehn Jahren hier mit dem Klee nicht recht mehr fort will; indem der erste Schnitt immer von Honigthau überfallen wird. — Vielleicht muß man den Mehlthau oder einen weißen Anflug darunter verstehen. Hr. J. gipst den Klee vor Winter und im Hornung, selbst auf den Schnee, und will sich wohl dabei befinden (?). Er schreibt dem Pfuhl eine kräftigere Wirkung auf den Klee zu, als dem Gipse. Er säet alle Kleearten mit dem Wintergetreide aus, dieses wird untergepflügt; dann wird der Klee- Esper- oder Luzernsamen ausgesäet und eingeegget. Dieses Feld wird dann noch vor oder im Winter gegipst. Ist aber frisch zum Wintergetreide gedüngt worden, so säet er den Kleesamen nicht sogleich mit dem Wintergetreide; sondern er wartet bis dieses eingeerntet ist. Dazu läßt er dann die Stoppel gleich umpflügen und übereggen. Ist das Land wieder grün ausgeschlagen, so pflügt er von neuem und säet alsdann den Klee ohne andere Frucht. Er versichert, daß der Frost in seiner Gegend diesem jungen Klee nicht schade. — Ich gestehe, daß ich den Gebrauch, den Klee auf solche Weise zu behandeln, noch nirgends auf meinen Reisen angetroffen habe. Sollte diese Erfahrung auch an andern Orten Stich halten, welches durch kleine wiederholte Versuche leicht zu erproben, so wäre dieses eine höchst wichtige Entdeckung; indem man in den Jahren, wo der im Frühjahre gesäete Klee durch irgend einen Zufall zurückgeschlagen, ihn durch eine Herbstsaat ersetzen kann. Nur bemerke ich, daß solches nicht auf abgetragenen Boden, sondern, wie gesagt, auf einem solchen geschehen muß, wo zu der letzten Frucht gedüngt worden ist. Auch wird dabei vieles auf die Natur des Bodens ankommen.

Hr. J. säet die Luzerne so dicht als möglich, indem durch den gedrängten Stand derselben die Stiele weicher werden und der Boden reiner bleibt. Er sieht das Dichtsäen für eine Hauptbedingung bei der Luzerne an.

Er glaubt an keine Beize als Hülfsmittel gegen den Brand im Weizen und Spelze. Er schreibt dieses Uebel dem Einflusse der Luft zu und behauptet, daß man nie Brand habe, wenn vor der Weizenblüthe kein Mehl- oder Honigthau falle. Er zieht den überjährigen Weizen zur Saat dem neuen vor.

So weit Hr. Ignatz! Wir plauderten bis um

Mitternacht. Er ging. Ich wurde meiner Seits in eine Stube geschoben, und die Thüre sogleich hinter mir geschlossen. Müde und schläfrig eilte ich zu Bette; allein die Hexe von Endor konnte nicht mehr Insecten, Ratzen, Mäuse, Unreinlichkeiten, und Wohlgerüche herbeizaubern, als sich hier zu meiner Plage vereinigten. Die Kleider, in welchen ich mich niedergeworfen hatte, waren nur ein schlechtes Schutzmittel gegen so viele Uebel. Verscheuchten mich meine Feinde von dem verhaßten Lager, so trieb mich die Kälte wieder hinein. Ich bereuete nun freilich, daß ich nicht auf dem Rosenhofe geblieben war; denn da hätte ich gewiß nicht wie hier auf Dornen übernachtet. Zum erstenmal in meinem Leben ward mir Pflug und Kunst verhaßt. Ceres mag mirs verzeihen, und demjenigen Trost einsprechen, der auf landwirthschaftliche Reisen ausgeht, und in ein solches Bett geräth!

W o r m s.

Der Boden zwischen Oggersheim und Frankenthal ist zum Theil sehr sandig; daher auch viel Hirse daselbst gebauet wird. Es ist die Rispenhirse. Wer auch keine Hirse auf ähnlichem Boden bauen wollte, der sollte es doch des Klees wegen thun, der so vorzüglich darunter geräth. Man weiß aber auch, daß die Hirse gejätet seyn will.

Sie hat das Unangenehme, daß sie dem Brande unterworfen ist. Die Felder um Frankenthal sind durchgehens schmal, und auf jeder Seite mit zwei Reihen Reben eingefaßt, welches der Flur ein besonderes Ansehen giebt.

Worms hat zwar auch vielen sandigen, daneben aber einen schwarzen Kleiboden von der ersten Classe. Ich erinnere mich nicht, irgendwo solche prachtvolle und ausgedehnte Luzernfelder gesehen zu haben, als in dieser Gegend. Die Luzerne dauert 4 — 6 Jahre. Man egget sie zuweilen. Die Fruchtfolge bei der Luzerne ist folgende: 1. 2. 3. 4. 5. Luzerne. Sie wird im vierten, fünften oder sechsten Jahre nach dem ersten Schnitte umgebrochen.

6. Spelz;
7. Kartoffeln;
8. Gerste;
9. Rocken.

Oder der Spelz bleibt weg, und man nimmt die Kartoffeln gleich nach der Luzerne, läßt dann Gerste, und zuletzt Rocken folgen. Die Folge der Gerste, nach Kartoffeln ist sehr passend. Die des Rockens nach Gerste war mir auffallend; noch auffallender aber folgender Fruchtwechsel:

1. Runkeln, gedüngt oder gepflügt;
2. Hafer;
3. Gerste, gedüngt;
4. Spelz.

Man sollte hier bald sagen: Umgekehrt, und es

wird ein Schuh daraus! Allein ich denke, die Leute würden den Schuh schon längst umgekehrt haben, wenn er so nicht paßte. Paßt er aber, so mögen sie ihn auch forttragen. Ihr Fuß hat wahrscheinlich einen eigenen Leisten nöthig, und es wäre lächerlich, jeden Fuß nach einem allgemeinen Leisten behandeln zu wollen. Man legt hier die ganze Schuld auf die Runkeln, daß der Spelz darnach gänzlich zurückschlägt und die Gerste nur mittelmäßig geräth. Man schiebt also den mehr duldsamen Hafer dazwischen ein.

Man hat zu Worms noch andere Gattungen von Fruchtwechsel, als:

1. Spelz, gedüngt;
2. Kartoffeln;
3. Gerste;
4. Klee;

also den besten Schlüssel zu einer guten Cultur. Auch:

1. Brache, gedüngt;
2. Raps;
3. Spelz;
4. Gerste, — Rocken;
5. Klee, — Kartoffeln.

Der Raps wird auch manchmal in das Kleeland gesäet; nachdem man den ersten Schnitt davon genommen hat.

Man säet auch Wicken zum Grünabfüttern aus, und untermischt sie mit etwas Hafer. Man nimmt nämlich auf ein Malter Wicken ein Viertelmalter Hafer, und das reicht zu, um 4 Morgen damit zu besäen. Das hiesige Malter Rocken wiegt 180 Pfund.

Während meines Aufenthalts in hiesiger Gegend, machte man in Worms eine traurige Erfahrung über das Tassen des Heues in nassem Zustande, wovon ich Augenzeuge war. Auf einer Insel im Rheine, die nicht mehr als 3 Fuß über dem Spiegel des Wassers liegt, der Ueberschwemmung also sehr ausgesetzt ist, steigerte Hr. Euler das ausgewachsene, schon sehr reife Gras. Da der Rhein zu gleicher Zeit zu steigen anfing, so wurde in größter Eile gemähet; das Heu zum Theil feucht, zum Theil naß eingeführt, und in einem kirchenmäßigen Gebäude, ohne alles Gebälke, auf einander gesetzt. Die ganze Heumasse mag 7 bis 8000 Zentner betragen haben. Sie gerieth gar bald in Hitze, und der Geruch davon ward so stark, daß die Nachbarschaft darüber unruhig wurde, und die Polizei um Hülfe ansprach. Man schritt sogleich zum Erbrechen, oder vielmehr Durchschroten des Haufens, und brachte den brandigsten Theil davon weg. Die Hitze dabei war so groß, daß die Arbeitenden sich einander ablösen mußten. In der Masse selbst zeigte sich zwar kein Feuer; aber kaum wurde davon an die Luft gebracht, so ging es in helle Flammen über. Ungefähr 1000

Zentner gingen dadurch verloren; das übrige war zum Theil auch wie gebrannt, und nahm, wie das erste, einen ganz eigenen brandigen Geruch an; das Vieh aber, und selbst die Pferde fraßen es gern, und es fand in den Magazinen einen guten Absatz. Hr. Möllinger, der mit mir zugegen war, glaubt, daß dem Uebel durch einige Luftzüge bei dem Tassen hätte können vorgebeugt werden. Auch bei seinem Esparsettheu spürt er manchmal eine sehr starke Erhitzung, die er aber nicht achtet, und in dem Falle deckt er den Haufen mit Stroh, damit sich die Dünste hinziehen.

Canton Peddersheim.

Wir verlassen nunmehro die weite mehr sandige als thonige Ebene, die wir von Speier aus bis Worms durchreiset haben, und ziehen links oder westwärts, um einen der wichtigsten Cantone der Pfalz zu besuchen. Der Leser wird sich bald überzeugen, daß wir uns hier mit einigem Nutzen verweilen können. Ich darf mich also auch etwas weitläufiger darüber ausdehnen. Im Vorüberfahren dürfen wir die große Ulme zu Pfiflichheim nicht übersehen. Sie hat 32 Fuß im Umfange, und stammt, der allgemeinen Sage nach, aus Martin Luthers Zeiten her. Als ein bleibendes und immer lebendes Denkmal der Vergangenheit steht sie am Wege, überlebte alle Verheerungen und Schicksale des unstäten Menschengeschlechtes, und trotzte dem Sturme der Zeit. Schon einige hundertmal legte sie beim Eintritt des Winters ihren grünen Schmuck ab, und zog ihn friedlich mit jedem kehrenden Frühlinge von neuem an, und rief dadurch dem Landmanne wie dem Wanderer, seine freudigen und traurigen Tage in die Seele zurück.

Der Canton Pheddersheim *) nimmt einen Theil der fruchtbaren hügeligen Strecke ein, die sich zwischen der Ebene des Rheinthals und einem Vorsprung der Vogesen bildet. Es hat drei Stunden in seiner größten Länge und drittehalb Stunden im Durchschnitte seiner Breite. Man zählt darauf eine Bevölkeruug von 13000 Seelen, die in 25 Gemeinden vertheilt leben. Der Canton enthält 31389 Morgen Ackerland;

667 — Reben:
424 — Wiesen;
61 — Waldungen.

Der Morgen zu 160 □ Ruthen, die Ruthe zu 16 Nürnberger Fuß.

*) Vorläufig muß ich sagen, daß ich die in diesem Artikel enthaltenen Notizen großen Theils dem Hrn David Möllinger zu verdanken habe, mit welchem ich meinen Leser sogleich weiter bekannt machen werde.

Der Canton wird von zwei Hauptbächen, der Primm und der Eis, durchströmt. Diese Bäche bilden für sich zwei schöne fruchtbare flache Thäler, welche, besonders das der Eis, nichts für den Landwirth und nichts für das Auge des reisenden Oekonomen zu wünschen übrig lassen.

Eine mächtige Sandschicht dient dem ganzen Boden zur Unterlage. Auf dieser ruht eine bald schwächere, bald stärkere Schicht von reinem groben Kies, die in dem Verhältnisse, als man sich von dem Rheine entfernt, abnimmt und nach Westen, oder dem Gebirge sich unter einer Lage von Kalksteinen verliert, oder vor und nach in selbe übergeht. Thon ist endlich der oberste Ueberzug jener durchlassenden Schicht, und durch eine mehr oder weniger starke Mischung mit Sand, Kies und Kalk bildet er eine Menge Erdarten, die nicht alle zu bestimmen sind. Verschiedene Schwefelquellen bei Monsheim und Oststein, zwei Orte von welchen wir nachher sprechen werden, beweisen das Daseyn von Schwefel, und demnach könnte sich auch Gips in dem Boden vorfinden. Dem äußern Ansehen nach sind jene verschiedenen Erdschichten An- und Ueberschwemmungen vom Rheine und anderm Gewässer; denn allenthalben trifft man Spuren an den Hügeln, welche zeigen, daß solche vormals von dem Wasser bespühlet worden sind, und wie dieses vor und nach zurückgetreten ist. Bei jenen wasserverschlingenden Unterlagen kann der Boden nicht anders als trocken und quellenlos seyn; daher ihm die trocknen Sommer sehr nachtheilig werden.

Die wenigen Domanialgüter ausgenommen ist alles theilbares Grundeigenthum. Es giebt wenig einzelnliegende Höfe oder Meyereien; und alles wird von den Bewohnern der Dörfer gebauet. Der gräuliche Mars, der nun schon seit vier Jahrhunderten beinahe alle zehn Jahre die schöne Pfalz überfiel, darin sengte, brennte und verheerte, hat die wahrscheinlich vormals bestehenden einzelnen Bauerhöfe so oft zerstört, daß die Bewohner gezwungen waren, sich enger zusammenzuziehen, hinter Gräben und Mauern ihr Heil zu suchen, und durch einen gemeinschaftlichen Verein mit mehreren Unterdrückten wenigstens einen Theil ihrer kleinen Habe gegen die Anfälle raubsüchtiger Tieger zu schützen. Daher findet man in der Pfalz so viele Dörfer, die, wo nicht mit Mauern, doch mit Gräben umgeben sind. Wann wird doch das eiserne Zepter der Zwietracht aufhören über Adams Kinder zu herrschen! sie, die auch ohne solche willkürliche Leiden, schon mit so vielen andern unausweichbar zu kämpfen haben!

Jene rastlosen Kriege, und das dadurch bewirkte Zusammenziehen der Bewohner in gemeinschaftliche Wohnorte, führten nothwendig die Zerstückelung des Grundeigenthums nach sich. Man war dadurch aus dem Mittelpunkte seiner Besitzungen entrückt; mußte sie aus weiter Ferne bauen; war nicht mehr im Stande sie gehörig zu übersehen; es fehlte an Gebäulichkeiten zu einer sehr ausgedehnten Wirthschaft; die Arbeit ward durch die Verbesserung des Ackerbaues verdoppelt; der Werth der Grundstücke stieg, und es gebrach einem einzelnen Gliede der Familie an Kraft, die Masse zusammen zu halten, und die übrigen Kinder eines Vaters mit baarem Gelde zu befriedigen. Man theilte sich also lieber in Grund und Boden. Der zukünftige Stammhalter behielt das väterliche Haus, und vereinigte damit einige der besten Grundstücke. Das Uebrige ward der Antheil der andern Erben. Die Wirthschaften wurden aso immer kleiner. Die gewöhnlichsten (ich schließe die Handwerker- und Taglöhner-Familien davon aus) sind nur von 50 — 80 Morgen, welche mit einem Pferde und zwei Ochsen, oder mit zwei Pferden ganz gemächlich betrieben werden können. Der Bauer arbeitet darin selbst mit, und vermag alles leicht zu übersehen. Es giebt außerdem noch eine große Menge Bauern, die nur 20 Morgen haben; sie mit ihren Kühen bauen, und sich und ihre Familie, ohne Nebengewerbe recht gut darauf fortbringen. Bei denen aber, die noch weniger besitzen, reicht der Feldbau nicht zu, und sie suchen durch Taglohn so viel nebenher zu erwerben, als ihnen an Unterhalt bei ihrem Hauptgeschäfte gebricht

In einer Gegend, wo man 32000 Morgen Ackerland, mit Inbegriff einiger Reben, gegen 424 Morgen Wiesen zählt, da sieht man von selbst, daß die Wirthschaft nur durch Stallfütterung bestehen kann, und daß diese sich ausschließlich auf den künstlichen Futterbau gründen müsse. Es kommen also 75 Morgen Ackerland gegen einen einzigen Morgen Graswachs; statt daß im Elsaß gegen 75 Morgen Feld 30 Morgen Wiesen fallen. Wohlverstanden, daß die Almänden oder Gemeinweiden dieses letztern Landes nicht einmal einbegriffen sind. Der Elsasser könnte also seinen natürlichen Mitteln nach dreißigmal so viel Vieh halten als der Pfälzer; aber thut er es? Man zählt in dem Canton Peddersheim 6000 Stück Rindvieh; es fällt also ein Stück auf jede 5⅓ Morgen Ackerland, und im Elsaß fällt eines auf 15 Morgen. Das Verhältniß des Viehstandes zu dem Ackerbau ist also in der Pfalz, wenigstens in diesem und einigen der benachbarten Cantone, beinahe dreimal so stark, als im Elsaß. Der Pfälzer hat also dreimal so viel Dung als der Elsasser, und der Ackerbau würde bey letzterm ohne eine starke Wiesenzulage nicht bestehen können; er müßte denn zu einem ganz andern Feldsysteme greifen, wie solches auch wirklich in einem großen Theile des Elsasses, wo Wiesen und Almänder weniger häufig sind, zum Ruhm dieses Landes geschieht. Wenn irgend in einem Stücke die Elsasser Landwirthschaft der Pfälzischen nachsteht: so ist es in dem Viehstande und der Stallfütterung. Da nun diese die Hauptbasis aller Agricultur sind, so giebt das der letzten Wirthschaft einen unglaublichen Ausschlag vor der ersten. Ich verstehe das jedoch nur von den Gegenden im Elsaß, wo das Dreifeldersystem noch Stand hält.

Eine große Beihülfe, die der Pfälzer sich zu dem Winterunterhalte seines Viehstandes zu verschaffen weiß, sind die zahllosen kleinen Branntweinbrennereien. Es giebt Bezirke, wo nicht ein etwas begüterter Bauer ist, der nicht seinen Branntweinkessel habe. Um sich einen Begriff von dem Abfalle zu machen, welchen diese Brennereien zum Vortheile des Viehes hergeben, darf man nur wissen, daß in den letzten Zeiten, wo der Branntewein, der Kriegsvölker wegen, stark gesucht ward, jährlich 8000 Ohm, 133333 Hektoliter in dem einzigen Canton Peddersheim verfertigt wurden. Da nun auf jede Ohm Branntewein 35 Centner Kartoffeln kommen, so folgt, daß 280,000 Centner Kartoffeln, den Zusatz von Getreide nicht mit einbegriffen, darauf verwendet worden waren. Das Spühlicht oder die Branntweinswäsche davon betrug 387,000 Hektoliter, wovon einer nebst etwas Stroh und Heu zureicht, ein Stück Hornvieh für einen Tag, oder 1000 Stück für ein ganzes Jahr von der ganzen Masse zu erhalten. Vor der Revolution gingen die Brennereien noch stärker, und der gewonnene Branntewein belief sich jährlich auf 20,000 Hektoliter, wovon also über 1500 Stück Hornvieh unterhalten werden konnten. Ein unglaublicher Vortheil für den Landwirth, wenn, wie solches in den Jahren geschieht, wo der Branntewein im Preise steht, er die Wäsche davon umsonst hat. Mit einem Zusatze von Stroh und etwas Heu bringt der kleine Wirth sein Vieh im Winter durch, und der größere sieht sich noch nebenher im Stande, einige Ochsen oder Schweine zu mästen. So zählt der Canton Pfeddersheim jährlich 500 Ochsen, die mager eingekauft, im Sommer zur Arbeit gebraucht, und im Winter gemästet werden. Fett ziehen sie weg, die Thaler kommen bei, und der Dung, die Kraft, das Leben bleiben in der Wirthschaft.

Da das Füttern mit einer so flüssigen Substanz, wie die der Branntweinwäsche, eine unglaubliche Menge von Pfuhl oder Jauche erzeugt, so befindet sich neben, oder in jeder Miststätte ein ausgemauerter Brunnen oder Behälter, worin der Pfuhl, welchen das Streumaterial nicht einsaugen kann, zusammenfließt. Ueber diesem Brunnen ist eine hölzerne Pumpe, oder eine Vorrichtung mit einem Hebel und Eimer angebracht, um den Pfuhl in die Höhe zu bringen. Dieser ist, wie wir in der Folge sehen werden, von so großem Nutzen und auffallender Wirksamkeit, daß der Pfälzer ohne sein geliebtes Pfuhlen nicht glaubt seinen Ackerbau betreiben zu können.

Die Stallungen für das Rindvieh sind warm, aber nicht bis zum Ersticken, und ziemlich geräumig. Sie sind größtentheils aus Stein erbauet, mit einem starken ausgemauerten Gebälke und hinlänglichen Zugöffnungen versehen. Mehrentheils sind sie in der Scheuer selbst angebracht, und werden daher mit Getreide, Heu oder Stroh überlegt. Der ganze Boden ist gepflastert. Hinter dem Viehstande befindet sich eine Rinne, die den Urin auffängt und nach dem Pfuhlbehälter abführt. Das Vieh steht mit dem Kopfe nach der Wand zu. Es hat keine Raufen, und alles Fressen wird ihm in die steinerne Krippe geworfen. Ich halte dieses bei dem geschnittenen Futter für besser; bei dem ungeschnittenen und langen Futter aber könnten die Raufen, ungeachtet der kleinen Unannehmlichkeit, die das Vieh dabei hat, und woran es sich leicht gewöhnt, doch vortheilhaft seyn. Zwischen zwei und zwei Stück Vieh befindet sich eine Scheidewand von Brettern, wodurch mehr Ruhe im Stalle herrscht. Der Mist wird alle Morgen ausgezogen, aus einander gebreitet, der Stall mit dem Besen ausgefegt, frisches Stroh eingestreuet und die Krippe gereiniget.

Die Branntweinbrenner geben dem Vieh am Morgen das Spühlicht oder die Wäsche zuerst auf, und darauf geschnittenes Heu, Rüben oder sonstiges Futter. Mittags wird etwas Heu gereicht, und das nasse Lager mit ein wenig frischem Stroh bedeckt. Die Abendmahlzeit gleicht dem Frühstücke. Es wird eigentlich nur zweimal gefüttert. Das Mastvieh bekömmt dreimal im Tage, und jedes Mal so viel zu fressen und zu saufen, als es verlangt. Das andere Vieh muß sich nach dem Vorrathe richten, den das Haus gemacht hat. Selten wird kalt getränkt, selbst bei denjenigen, die mit keiner Brennerei versehen sind. Bei diesen geschieht es mit erwärmtem Wasser, mit welchem man etwas Kleien oder Oelkuchen gemischt hat.

Man zieht das Milchvieh selbst nach; findet es aber vortheilhafter, die Ochsen anzukaufen. Ein Ochse der zum Fuhrwerke gebraucht werden soll, muß drei Jahre alt seyn. Er frißt also in diesem Zeitraume leicht so viel, daß man mit dem Futter hätte drei Ochsen ausmästen können, an welchen mehr zu verdienen ist. Man hält bei der Stallfütterung das Mästen überhaupt für einträglicher als das Auferziehen. Unterdessen bleibt die Zuzucht des Milchviehes doch nothwendig, indem man leicht einen guten Ochsen, aber selten eine gute Milchkuh kaufen kann. Bei der Weidewirthschaft mag alle Zuzucht überhaupt von mehr Vortheil seyn, als Mastung.

Die hiesige Gattung von Vieh ist ein guter Mittelschlag. Das Gewicht der Kühe ist 6 — 8, das der Ochsen 7 — 10 Centner.

Der Pflug gleicht in diesem Theile der Pfalz demjenigen, den man höher hinauf diesseits und jenseits des Rheins findet, und wovon wir schon gesprochen haben. Es wird aber hier nicht so gut wie zu Ladenburg gestaltet. Die Walze ist das beste Werkzeug, das ich hier sah. Sie hat 7 Fuß in der Länge und anderthalb im Durchschnitte. Sie läuft auf eisernen Zapfen. Das Gehäuse, in dem sie sich dreht, sitzt an einer Gabeldeichsel fest, um mit einem Pferde eggen zu können. Statt der Gabel kann es auch eine einstangige Deichsel seyn, um zwei Ochsen oder Kühe vorspannen zu können. Das Festansitzen der Deichsel gewährt den Vortheil, daß man auf ungleichem Boden, besonders auf Feldern, die sich langwürfig an einem Hügel hinabziehen, eggen kann, ohne daß die Walze auf die Hinterbeine des Gespannes anrollt. Die Eggen sind durchgehends sehr schwer, von 200 Pfund und noch drüber. Sie bilden ein langes Viereck. Die Zähne sind von Eisen, etwas schief eingelassen, und ragen 16 Centimeter aus dem Holze hervor. Die Egge selbst hat 160 Cent. in der Länge, 84 in ihrer obern und 102 in ihrer untern Breite. Jeder der vier Balken, aus welchen sie zusammengesetzt ist, hat 10 Zähne, die 17 Cent. von einander abstehen. Die Balken selbst sind 27 Cent. von einander entfernt. Das Fuhrwerk ist überhaupt in der Pfalz schwerer als im Elsaß, und doch erstaunte ich über die Last, die ein einziges Pferd darauf fortschleppt.

Nach diesen mehr allgemeinen Gegenständen gehe ich nunmehr zu der

Wirthschaft des Herrn Möllinger

zu Pfeddersheim über. Schon der Name wird zureichen, die Theilnahme meiner Leser zu erregen.

Charakter des Mannes.

Ich hatte mich mit einem Empfehlungsschreiben versehen, um mich bei ihm und seiner Familie einzuführen, und von ihr die Aufschlüsse zu erhalten, die einen Hauptzweck meiner Reise ausmachten. Schon war ich im Begriffe nach meiner Brieftasche zu greifen, als Hr. Möllinger mich nach meinem Namen fragte. — Schnell sprach der liebe, offene und biedere Mann: so lassen Sie die Brieftasche stecken; Sie bedürfen keines Passeports. Mit einer Umarmung war die Bekanntschaft gemacht. Es giebt Augenblicke im Leben, wo man sich freuet, nicht umsonst für sich selbst gearbeitet zu haben, und diese Freude genoß ich in den zwölf Tagen, die ich in der Nachbarschaft und Gesellschaft dieses würdigen Mannes zubrachte. Ich fand hier einen rationellen Landwirth; eine genaue, gewissenhafte und viele Jahre durchgesetzte Buchhaltung; reine Wahrheit, Offenheit und keine Schminke, keine Pralerei. So etwas labt noch wohl einen nach Unterricht dürstenden reisenden Landwirth, und läßt ihn manches verdrießliche Nachtlager und manchen unholden Empfang vergessen.

Entstehen und Größe der Wirthschaft.

Hr. David Möllinger, Enkel jenes berühmten Möllingers, den die Pfalz als den Vater ihres Ackerbaues ansehen kann, und von dem wir in der Folge sprechen werden, fing im Jahre 1791 seine Wirthschaft zu Pfeddersheim mit 32 Morgen an, und baut ihrer wirklich 200. Die Weingärten kommen hier nicht in Betracht, und greifen, da Hr. M. den dazu nöthigen Dung ankauft, nicht in das Uebrige der Wirthschaft ein. Der Morgen gleicht einem Calenberger Morgen, enthält 26,038 Ares, er ist also um etwas weniges größer, als der Berliner. Da dieser Unterschied nicht erheblich ist, so kann der Leser sich diesen dabei denken. Da Pfeddersheim nicht der Geburtsort des Hrn. M. ist, und er sich vor und nach angekauft hat: so liegen seine Felder zerstreut in der Flur umher. Die meisten sind, nach hiesiger Landesart, sehr schmal und oft so lang, daß die Pferde eine halbe Stunde brauchen, um eine Furche auf und abzuziehen. Da Hr. M. mitten in dem Flecken wohnt, so hat er eine starke Viertelmeile zu machen, ehe er einige seiner Grundstücke erreicht.

M. besitzt zwar einige Wiesen; allein sie sind so weit entfernt, daß er das Heu an Ort und Stelle verkauft, und sein Vieh und Gespann mit Esperheu unterhält. Seine Pferde sind so sehr dadurch verwöhnt, daß sie kein Wiesenheu anrühren wollen. Man wird also in der Folge nicht außer Acht lassen, daß hier der Acker zugleich zu dem Unterhalte der Menschen und dem seiner Hausthiere bestimmt ist, und ohne fremde Beihülfe aus sich selbst die Kraft hernehmen muß, um die abgehende zu ersetzen.

Boden.

Der Boden seiner Felder ist zwar durchgehends gut, und zum Theil vielleicht kostbar; da aber, wo die Kies- und Sandschichten nicht tief genug liegen, leidet die lehmige obere Krume sehr oft von der Trockenheit. *) Seine Gegend könnte alle vierzehn Tage einen durchdringenden Regen vertragen, der sich aber nicht so häufig hier einstellt. Muthmaßlich zieht der, in der Entfernung von einigen Meilen gegen Westen gelegene, Donnersberg die Wolken zu stark an sich. Hr. M. rechnet, daß bei ihm im Durchschnitt nicht mehr als 16, 6 Zoll Wasser falle. Dieses bewirkt aber

*) Seitdem ich jenes schrieb, erhielt ich von Hrn. M. noch folgende Notizen:

„Die Untersuchung unsers Bodens, wozu Sie mich aufforderten, wird zu nichts führen, indem wir unsern größten Feind an den Kiesunterlagen haben, die unserer ohnehin nicht stark wasseranhaltenden Krume so nachtheilig werden. Die Baumpflanzungen wollen daher nie gedeihen, und wenn es trockne Jahre giebt: so mißrathen besonders Spelz und Gerste sehr leicht. So ging es in diesem Jahre 1815; denn so schön als der Anschein im Frühjahr war: so erbärmlich war die Ernte. Der Spelz gab nur 6, 47 die Aussaat wieder. Der Rocken mißrieth ebenfalls aus Mangel an Regen; der Hafer allein erhielt sich. Dazu noch unzählige Mäuseschaaren, die unsere Kleefelder von Grund aus zerstöhrten, und endlich der Krieg, schlimmer als alle Mäuse u. s. w."

Es ist merkwürdig, daß ein Jahr, in welchem man vor Nässe in der Schweiz nicht voran konnte, in der Pfalz so trocken ausfiel!

auch, daß das Unkraut allhier den Aeckern nicht so stark, als anderswo, zur Last wird.

Buchführung.

Schon im Jahre 1803 fing Hr. M. an, die Buchhaltung bei seinem landwirthschaftlichen Gewerbe einzuführen. Er hält außer einigen kleinen Nebenregistern ein Tagebuch, in welches alle Arbeit, Kosten und Ertrag gewissenhaft eingetragen werden. Aus diesem Tagebuch werden beim Schlusse des Jahres die Gegenstände summarisch unter Rubriken gebracht, in das Hauptbuch eingetragen, und die Bilanze gezogen. Ich werde mich über die Einrichtung dieser Bücher nicht einlassen; jeder hat darin seine eigene Art zu verfahren, und ist er einmal an diese gewöhnt, so wird sie ihm durch den Gebrauch leicht und anschaulich, ob sie es gleich für einen Andern nicht ist. Uebrigens bleiben die Bücher Hrn. Möllingers ein Schatz für die praktische Lehre der Landwirthschaft seiner Gegend. In seinem Grund- oder Lagerbuche sind alle Feldstücke, die sein Sohn und seine Eleven aufgenommen haben, recht sauber abgezeichnet.

Hr. M. machte nicht allein nicht die geringste Schwierigkeit, mich alle seine Bücher einsehen und alles daraus ziehen zu lassen, was ich nur wünschen konnte; sondern er selbst nahm sich nebst seinem Sohne die Mühe, eigenhändig alle Auszüge zu machen, die mir nur dienen konnten, und für welche ihm der Leser mit mir Dank wissen wird.

Fruchtumlaufstabelle.

Hr. M. hat eine eigene, und so viel ich weiß, neue Art, den Fruchtumlauf, so wie er in einer Reihe von Jahren auf seinen Feldern Statt gehabt hat, auf eine sehr anschauliche und schnell zu übersehende Weise vorzustellen. Es sind Hieroglyphen, die der gemeinste Bauer entziffern kann, wenn er sich nur ein paar Minuten lang mit dem Alphabet derselben bekannt gemacht hat. Jeder Kulturgegenstand ist nämlich durch eine leicht zu zeichnende und auf das Produkt einigermaßen passende, wiewohl grobe Abbildung versinnlichet. So stellt er die Gerste durch ein Bierglas, den Spelz durch einen Bretzel, die Luzerne oder den Schneckenklee durch eine Schnecke, die Kartoffeln durch eine Retorte u. s. w. vor. Das Zeichen thut übrigens nichts zur Sache, und jeder kann sich selbst ein anderes wählen: nur muß die Einbildungskraft ein wenig dabei zu Rathe gezogen werden, damit das Zeichen den Gegenstand auch ohne Mühe herbeirufe.

Die ganze Tabelle ist in Fächer abgetheilt. An der Seite abwärts laufen die Namen der Felder, über die Höhe die Jahrzahlen. Durchgeht man die liegende Fachreihe, so zeigt sie, mit welchen Gegenständen das Feld Jahr vor Jahr besetzt war, und die Jahre, in welchen es Dung erhalten hatte. Durchsieht man die stehende Fachreihe, so trifft man alle Gegenstände, welche die ganze Wirthschaft in jedem Jahre gebaut hat, und ihre Ausdehnung läßt sich durch die Spalte, welche die Größe jedes Feldstückes angiebt, sogleich bestimmen.

Viehstand.

Hr. M. hält gewöhnlich 3 Pferde und einige 20 Stück Rindvieh und Schweine. Seine Ställe sind luftig und geräumig Seine Miststätte ist rund und ausgemauert, und der Boden davon mit Lehm ausgeschlagen. Die Jauche aus den Ställen läuft zuerst auf den Mist, und zieht sich von da nach dem Pfuhlbehälter, der 16 Fuder fassen kann.

Das Hornvieh kommt bei Hrn. M. das ganze Jahr nicht aus dem Stalle. Im Sommer unterhält er es mit Luzerne und Etzfutter, das ist, einem grünen Gemisch von Wicken, Hafer und Mais. Klee und Esparsette werden bei ihm zu Heu gemacht, und zur Winterfütterung oder für die Pferde bestimmt. Außer diesem Heu erhält das Hornvieh im Winter Brantweinwäsche und Runkelrüben, die mit Spreu oder Häcksel vermengt werden. Hr. M. ist der Meinung, daß alles Futter, grün oder dürr, das Stroh ausgenommen, geschnitten werden müsse; d. h. bei dem Rindvieh, aber nicht bei den Pferden. Bei dem Mastvieh findet er den unenthülseten Spelz als Zusatz zu der Brantweinwäsche vortheilhafter, denn Gerstenschroot.

Wenn, seiner Erfahrung nach, das Esperheu 1000 Maß Milch giebt: so geben

grüne Luzerne	1110	Maß
Klee=Grummet	825	—
Klee=Grummet mit untermischtem Hafergras	879	—
Etzfutter	1172	—
Rüben	965	—
Runkeln	928	—
Runkelnblätter	968	—

Es ist hier von diesen Blättern im Herbste die Rede, und nicht von jenen wässerigen Blättern, die der Geiz oder die Armuth den Pflanzen im Sommer raubt. Doch gesteht Hr. M. daß seine Kühe dabei sichtbar vom Fleische abfielen. Ich glaube auch, daß, wenn man die Fetthaltigkeit dieser Milch untersucht hätte, man gefunden haben würde, daß sie der Milch aus andern Gewächsen weit nachstehe. Jene Blätter sind und bleiben also, selbst zur Zeit ihrer Reife, nur ein schlechtes Futter: es sey denn, daß man sie zugleich mit gutem Heu verfüttere; alsdann mögen jene die Milch hergeben, wenn dieses das Vieh auf den Beinen erhält.

Die Brantweinwäsche als Zusatz zu anderm Futter vermehrt die Milchergiebigkeit um 10 p. Ct.

Bei grünem Futter giebt das Vieh etwas mehr Milch, als bei trocknem; weil es jenes gieriger frißt. Es könnte aber seyn, daß die Milch bei dürrem Futter fetter als bei jenem wäre.

Nach Hr. M. geben 28 — 30 Pfund Milch ein Pfund Butter, nach der Güte des Futters.

Er rechnet, im Durchschnitt von 9 Jahren, jährlich 456 Maß Milch von einer Kuh. Das Gewicht von einem Maß Milch zu 3 Pfund 28 Loth angenommen, giebt die Kuh nach obigem Anschlage 61 Pfund Butter, welches wirklich sehr wenig ist.

Die Brantweinbrennerei kommt Hrn. M. ohne Zweifel bei seinem Viehstande sehr gut zu Statten. Er verbrauchte dazu in zehn Jahren, von 1803 bis 1812 einschließlich, 22,424 Zentner Kartoffeln und 3047 Zentner Getreide. Daraus gingen hervor an Brantwein, zu 9, 1 Maß per 400 Pfund, 51,200 Maß, oder 640 Ohm, gleich 1066 Hektoliter. Da nun die Wäsche sich zu dem Wein verhält wie 29 zu 1, so folgt, daß die Brennerei in den zehn Jahren 30,914, oder jährlich 3091 Hektoliter Wäsche für das Vieh abwarf. Unter so vortheilhaften Umständen scheint es nun wohl, daß aus dem Viehstande ein bedeutender reiner Vortheil hervorgehen müsse, welches wir hier ausmitteln wollen.

Es würde mich zu weit führen, die ganze Viehberechnung des Hrn. M. hier vorzulegen, ich werde mich daher bloß an die Resultate halten. Dem Leser darf ich nur sagen, daß in jener Berechnung dem Vieh nicht allein das Futter, sondern auch Streu, Wartung, Verzinsung des Capitals, Abnutzung und Risico zur Last gelegt, und der Dung nicht zu gut geschrieben worden ist. Der Ohm Brantweinwäsche ist zu 10 kr. angeschlagen, und das Stroh nach folgendem Tarif berechnet:

Der Zentner	Rockenstroh	zu . . .	60	kr.
—	—	Spelzstroh zu . . .	50	—
—	—	Gerstenstroh zu . . .	46	—
—	—	Haferstroh zu . . .	30	—

Nach diesem fiel das Resultat der Bilanze durchaus zum Nachtheile des Viehstandes, das Mastvieh mit einbegriffen, aus, und gab einen Verlust

1805	von	1451	fl.	39	kr.	
1806	—	1676	—	57	—	
1807	—	1577	—	34	—	
1808	—	1393	—	22	—	
1809	—	2213	—	11	—	
1810	—	1173	—	8	—	
1811	—	1832	—	21	—	
1812	—	1830	—	1	—	
Im Durchschnitt	—	1643	—	31	—	(958 Thlr. Berliner Courant.)

Ich muß bemerken, daß im Jahre 1809 eine schreckliche Lungenseuche unter dem Vieh herrschte. Lassen wir aber auch dieses Jahr weg, so bleibt der jährliche Verlust auf den Viehstand des Hrn. M. doch noch 1562 fl. Ich gestehe, daß dieses nicht tröstlich für den Landwirth ist. Es stimmt aber, leider, mehr oder weniger mit meinen allenthalben gesammelten fremden *) und eigenen Erfahrungen überein, und ich sehe es für ausgemacht

*) Man sehe unter andern meine Beschreibung der Fellenbergischen Wirthschaft.

an, daß das Vieh nie und unter keinen Umständen bei einer Ackerwirthschaft reinen Vortheil, vielmehr immer Schaden bringe. Dieser Schaden kann nur durch den Dung ausgeglichen oder gedeckt werden, indem nichts billiger ist, als daß das Feld dem Vieh denselben bezahle, indem dieses dem Felde alles, was es von ihm bezogen hat, bis auf das Stroh zahlen mußte. Der Dung kostet also dem Landwirthe so viel, als dieser jährlich auf seinen Viehstand verliert.

Dünger.

Hr. M. fährt im Durchschnitte 435 zweispännige Fuder Dung, das Fuder zu 1500 Pfund, aus, die zur Düngung von vierzehn und einem halben Morgen reichen. Daneben hat er so vielen Pfuhl, um 14 andere Morgen damit zu düngen. Er schätzt den Werth eines gepfuhlten Morgens zu dem eines gedüngten, wie 14 zu 60; mithin kostet ihn sein Pfuhl 295 fl. 30 kr., und sein Dung 1266 fl. 30 kr. Das zweispännige Fuder also von diesem letzten, 2 fl. 55 kr., und zu diesem Preise würde er ihn schwerlich von gleicher Güte kaufen können, und dann hat er noch den Vortheil, daß er ihn nicht in der Ferne holen darf. So ansehnlich also auch der Verlust auf den Viehstand bei ihm zu seyn scheint, so ist er es dennoch nicht, um so weniger, da er nun auch das Stroh von seinem eigenen Vieh bezahlt bekommen hat. Rechnet man morgenweis, so kommt ihm der gepfuhlte Morgen auf 20 fl. 24 kr., der gedüngte auf 87 fl. 21 kr. Diese leztern Unkosten sind sicher sehr groß; allein eine so starke Mistdüngung dauert auch 10 bis 13 Jahre.

Hr. M. bringt den Pfuhl auf schon besäete Wintergetreidefelder, zu denen nicht gedüngt werden konnte, oder auf Rocken, den er manchmal auf Rocken folgen läßt. Hat er kein Getreide zu pfuhlen: so läßt er es den Klee- und Luzernäckern zu gute kommen. Später werden die Felder, die zu Runkeln bestimmt sind, mit Pfuhl befahren. Endlich kommt die Reihe an die Gerste. Das Pfuhlen kann darauf so lange Statt haben, bis solche in Aehren schießt. Nach Hr. M. ist der Pfuhl von stärkerer Wirkung beim Getreide, wenn dieses schon heranwächst, als wenn er vor der Einsaat aufgefahren worden wäre. Auch kommt bei dem Pfuhlen vieles auf das Wetter an; bei trockner Witterung äußert der Pfuhl nicht so viel Kraft, als bei feuchter. Ein magerer Acker gepfuhlt, giebt eine reichliche Kartoffelernte. — Kurz, eine Pfuhldüngung ist wirksamer, als eine Düngung mit Stallmist; allein sie ist nicht anhaltend wie diese, und schon nach einem Jahre läßt sich nichts mehr davon spüren.

Als Hr. M. in Pfeddersheim ankam, war nur ein einziges Pfuhlfaß im ganzen Orte; seitdem er aber durch sein Beispiel den Nutzen des Pfuhlens bewiesen, hat sich die Sache so verbreitet, daß heut zu Tage kein Mensch ohne Pfuhlfaß seyn kann. Selbst der Bauer, der mit seinen Kühen pflügt, ist damit versehen. Wie wichtig diese durch Hr. M. ausgebreitete Verbesserung sey, läßt sich daraus schließen, daß jeder Bauer, der Brantwein brennt, in seiner Gegend eben so viele Aecker pfuhlt, als er ihrer düngt.

Hr. M. nimmt das einspännige Fuder Dünger bei ihm zu 30 Kubikfuß an; der Kubikfuß, in dem Zustande wie er ihn ausführt, wiegt 48 Pfund. Der oben auf dem Haufen liegende Dung ist freilich leichter; dagegen ist der in der Tiefe liegende auch um so schwerer, und steigt auf 75 Pfund. Jene 30 Fuß geben also für ein einspänniges Fuder 1440 Pfund, welche Hr. M. jedoch zu 15 Zentner annimmt. Nach seiner Art zu düngen fallen 31 Fuder, oder 465 Zentner, auf den Morgen.

Gespann.

Ich sagte vorher, daß Hr. M. gewöhnlich nur 3 Pferde halte, diese würden aber bei der Entfernung seiner Ackerstücke, und da er sie noch nebenher zu seinem Wagen gebraucht, nicht zureichen, wenn er nicht zugleich seine zur Mast bestimmte Ochsen mit arbeiten ließe. Er hält diese bei dem Ackerbau für vortheilhafter als jene. Er kauft die Ochsen gegen die Erntezeit, zu einem Gewichte von sieben Zentnern, bestellt die Wintereinsaat damit, und vollführt die Vorwinterbereitung des Feldes zur künftigen Frühjahrsaussaat. Da sie während der Arbeit gut gefüttert werden, so legen sie unter der Hand schon Fleisch an. Im Winter werden sie dann vollends ausgemästet.

Ich lege hier dem Leser eine Tabelle über den Unterhalt des Gespannes vor, welches Hr. M. im Jahre 1812 unterhielt.

Pferdeunterhalt.

Es wurden gehalten vier Pferde:

Hafer 150 Malter, anderthalb Fzl. Gerste 2 Malter	511 fl.		4 kr.
Ein Fütterungstag braucht 10. 43 Pfund Körner, thut in Gelde 20. 94 kr., Heu 219. 60 Zentner, à 1 fl.	219	— 36	—
Ein Tag braucht 15 Pfd. Heu, = 9 kr. Grünes Futter erhalten die Pferde nicht.			
Rockenstroh 400 Bund, à 20 fl. .	80	— „	—
Lohn, erster Knecht	72	— 24	—
— zweiter Knecht	53	— 24	—
Beköstigung der Knechte	381	— 47	—
Ankauf der Pferde 897 fl. 51 kr., für Abnutzung à 13 pCt. . . .	116	— 43	—
Geschirrabnutzung	101	— 24	—
Pferdearzt	21	— 42	—
Oel zum Brennen	7	— 50	—
Sattler-Rechnung	25	— „	—
Summa .	1590 fl.	54	kr.

Ich beobachte, daß die Schmiedearbeit, namentlich der Beschlag des Hufes, durch welchen Zufall weiß ich nicht, in obiger Berechnung vergessen worden.

Da sich aus dem Resultate eines einzelnen Jahres keine sichere Regel ziehen läßt; so wollen wir eine Tabelle von dem Unterhalte eines Pferdes während acht Jahren aus den Tagebüchern des Hrn. M. ziehen, zugleich die Arbeit, die es in jedem Jahre vollführt hat, angeben, und den Preis derselben festsetzen.

Ich bemerke, daß auf der Unterhalts-Tabelle der Dung den Pferden nicht zu gute geschrieben worden, wodurch die Auslagen um etwas gedeckt werden; da aber die Schmiedearbeit übersehen worden, so können die Kosten wohl so bleiben, wie ich sie angeführt habe. Diese Kosten sind wirklich sehr groß, und ich könnte sagen schrecklich. Man sieht, welchen Schaden ein einziges überflüßiges Pferd einer Wirthschaft zuziehen kann, indem es derselben jeden Tag 1 fl. 7 kr. zu stehen kommt. Bleibt es einen Tag auf dem Stalle, wo es hätte arbeiten können, und nicht gearbeitet hat, so müssen die Kosten davon auf die übrigen Arbeitstage übertragen werden. Der Arbeitspreis bleibt sich demnach in einer Wirthschaft nicht alle Jahre gleich, eben so wenig als der Preis des Dunges.

Unterhalt und

Jahre.	Hafer. Malter	Heu. Pfund
1805	44 . 20/100	6080
1806	44 . 66/	5400
1807	46	5400
1808	51 . 50/	5333
1809	50	5333
1810	*)	5115
1811		5475
1812	51	5490
Summe .	287 . 36/100	43626
Medium per Jahr	47 . 89/100	5453

*) Da in diesen Jahren viel Gerste und Rocken verf

… einem Pferde.

…tliche Kosten.		Arbeit.	Arbeitspreis.	
…n	Kreuzer	Tage	Gulden	Kreuzer
3	33	275	1	30
4	59	246	1	39
0	52	263	1	34
8	20	241	1	42
5	15	250	1	35
2	23	240	1	43
0	44	261	1	34
7	43	277	1	26
3	49	2053	12	43
6	44	257	1	35

…an es nicht wohl in Hafer angeben können.

Zu Seite 129

Arbei

	Gepfl	
	Pferde	
	2spännig	1spänni
1806	42 Ares	42 Ar
1807	41 "	42 "
1808	42 "	37 "
1809	49 "	39 "
1810	40 "	36 "
1811	45 "	38 "
1812	37 "	38 "
	296 Ares	272 Ar
Medium per Tag	42 "	39 "

belle.

Tag		
Geeggt		Gewalzt
Pferde		Pferde
2spännig	1spännig	1spännig
292 Ares	389 Ares	372 Ares
323 "	256 "	333 "
269 "	347 "	313 "
252 "	350 "	346 "
235 "	266 "	358 "
283 "	283 "	370 "
296 "	344 "	229 "
1950 Ares	2235 Ares	2321 Ares
278 "	318 "	331 "

Wir wollen nun einen kleinen Ueberschlag angeben, um auszumitteln, wie viele Arbeit das Gespann auf dem Felde in einem Tage bei Hrn. M. auszuführen pflegt.

Wenn eine einspännige Egge in dieser Angabe mehr Arbeit auf den Tag vollbringt, als eine zweispännige: so geschieht es, weil diese viel schwerer ist als jene, und daher tiefer eingreift.

Nach nebenstehender Tabelle, verglichen mit den Unterhaltskosten der Pferde, kommt Hrn. M. der Morgen

zweispännig zu pflügen . . .	1	fl.	57	kr.
einspännig zu pflügen . . .	1	—	$3^1/_3$	—
zweispännig zu eggen pp. . .	"	—	18	—
einspännig zu eggen pp. . .	"	—	8	—
— zu walzen				

Vergleichen wir die Pflugarbeit eines Paar Ochsens mit der eines einspännigen Pferdes: so vollbringt dieses zwar mehr Arbeit; allein bei ihm kann der Pflug auch nicht so tief eingesetzt werden, als bei zwei Ochsen. Es ist also richtiger, die Pflugarbeit dieser letzten mit der von zwei Pferden zu vergleichen, und da verhalten sich die Pferde zu den Ochsen wie 42 zu 30, oder umgekehrt, 30 Pferde werden so viel in einem Tage umpflügen als 42 Ochsen. Dagegen kostet der tägliche Unterhalt von jenen 30 Pferden 47 fl. 30 kr., der von den 42 Ochsen 28 fl. Kostet also der Morgen mit Pferden umzupflügen bei Hrn. M. 1 fl. 57 kr., so kostet er ihn nur 1 fl. 9 kr., wenn er es mit Ochsen vollführt. Die Bilanze der Arbeitskosten beim Pflügen zwischen den Pferden und Ochsen steht also wie 117 zu 69, oder beinahe wie 5 zu 3, und dieser Unterschied ist sehr groß.

Werkzeuge.

Hr. M. macht keinen Gebrauch von neuerfundenen oder verbesserten Ackerwerkzeugen; wenigstens erinnere ich mich nicht, ein einziges bei ihm gesehen zu haben. Pflug, Egge, Walze, Fuhrwerk sind die seiner Nachbaren. Seine Karrn- und Wagenkasten sind ausgemessen; daher er mit Genauigkeit wissen kann, wie viel Wurzelwerk er einbringt, ohne das mühsame und unsichere Zählen mit Körben nöthig zu haben. Er hat einen Wagen für zwei Pferde, der 14 Malter Kartoffeln faßt.

Zu der Zerstückelung der Runkelrüben hat er eine Schneidemaschine mit einem beweglichen Zilinder, an welchem die Messer festsitzen. Die Scheiben fallen in den Zilinder, und würden, da er keine Fallthür hat, darin liegen bleiben, wenn sich nicht eine spindelförmige, d. h. in der Mitte dick und nach den Enden dünn zulaufende, Achse darin befände, welche das Geschnittene nach den Seitenöffnungen des Zilinders gleiten macht. Da sich keine Ritz- oder Zwergmesser zwischen den

Zu Seite 131

Speise-Conto.

	Im Ganzen jährlich		Per Person täglich		Per Person täglich
	Gulden	Kreuzer	Pfund	Loth	Kreuzer
Brot	810	58	1	20 . 715/1000	7 . 860/1000
Weißmehl	193	23	"	10 . 234/	1 . 874/
Milch, Butter, Käse, Eier	528	7	"	"	5 . 124/
Käse jährl. 4622 St., p. Person tägl. 0,746/					
Butter jährl. 392 Pfd., p. Person täglich Loth 2,349/					
Fleisch 4217½ Pfund	686	58	"	21,945/	6 . 652/

Erdengeschirr . . . . „ 13 „ 38					
Bierhefe . . . . „ 10 „ 42					
Erbsen, 1 Malter . . . „ 11 „ 15					
Linsen, 1 Malter . . . „ 8 „ 45					
Geschälte Gerste, 1 Malter „ 7					
67 Pfund Reis . . . . „ 17 „ 51					
Zugekauftes Gemüse . . „ 28 „ 21					
Krautschneiden . . . . . „ 0 „ 36					
Kartoffeln, 30 Malter . „ 30					
Eigenes Gemüse . . . . „ 12					
Zusammen . .	255	1	„	„	2 . 471/
Wein, 8 Ohm	160	„	„	„	1 . 550/
Branntewein	145	51	„	„	1 . 414/
Jährliche Bekóstigung des sämmtlichen Gesindes	3010	14			
Tágl. Bekóstigung jeder einzelnen Person	„	„	„	„	$29\frac{1}{6}$

Schneidemessern befinden; so zerfällt das Wurzelwerk bloß in Scheiben und muß nachher mit einem Handstoßmesser noch einmal zerstückelt werden, welches mir an dieser Maschine mißfällt.

Sein Butterfaß hat die Gestalt einer Scheibe, oder eines großen Mühlsteins, ist daher platt. Es ist das der Schweizer. Ich glaube die Zeichnung von einem ähnlichen in einem der landwirthschaftlichen Zeitungsblätter gesehen zu haben, kann aber über seine Vorzüge nichts entscheiden.

Ausmittelung der Beköstigung des Gesindes und der Arbeiter:

Sie ist aus dem Tagebuche von 1812 ausgezogen und auf 6190½ Speisetage berechnet. Das Gesinde ist bei Hrn. M. sehr gut gehalten. Es speiset in seinem Vorzimmer, welches zu seiner sittlichen Ordnung Vieles beiträgt. Ich beobachte, daß in folgender Berechnung die Ausgabe für Seife, der Verschleiß an Leinwand, Bettzeug und anderer Geräthschaften fehlt. Auch ist für Unterhalt der Wohnung nichts berechnet.

Hr. M. glaubt jedoch, daß der tägliche Unterhalt einer Person, nach einem fünfjährigen Durchschnitte, nur 25 kr. betrage.

Feldeintheilung und Fruchtfolge.

Die Gegenstände davon sind Spelz, Rocken, Gerste, Hafer, Klee, Esparsette, Luzerne, Wicken, Kartoffeln, Runkelrüben, Rüben, und etwas Raps. Er hält nicht mit Unrecht dafür, daß es um so mehr für die Güte eines Fruchtwechsels oder einer Feldeintheilung beweise: je mehr, bei befriedigenden Ernten, das Düngen ohne Nachtheil des Ackers verschoben werden kann. Denn wenn der Landwirth sich nicht schmeicheln darf, den Dünger umsonst zu haben, und, leider! hat er ihn gewöhnlich theurer als er glaubt: so sind seine Ausgaben um so geringer, je seltener er zum Dung seine Zuflucht zu nehmen braucht. Sein reiner Gewinn wird also durch diese Ersparung um so größer. Daher kommt es denn ohne Zweifel, daß die reine Brache, wenn von ihrem schnellen Wiederkommen kein Mißbrauch gemacht wird, nicht so verwerflich und unvortheilhaft ist, als sich Manche einbilden. Dem zufolge wird bei Hrn. M. das Land in elf Jahren nur einmal gedüngt, und einmal gepfuhlt. Klee und Esparsette werden gegipst. Wir haben aber auch vorher gesehen, daß er sehr stark auf einmal düngt, und doch würde dasselbe ohne die Zwischenkunft der Esparsette auf jenen langen Zeitraum nicht zureichen.

Hr. M. bauet gewöhnlich jährlich

18 Morgen Rocken,

8 Morgen Spelz, *)
34 — Gerste,
17 — Hafer,
12 — Wicken,
3 — Luzerne,
4 — Klee,
36 — Esparsette,
24 — Kartoffeln,
8 — Runkeln,
5 — Raps,
5 — reine Brache.

Sie ordnen sich nach folgendem Fruchtwechsel:

1. Jahr Wicken, grün gefüttert;
2. — Rocken;
3. — Kartoffeln;
4. — Gerste;
5. — Klee;
6. — Spelz;
7. — Gerste;
8. 9. 10. Esparsette;
11. — Kartoffeln;
12. — Gerste — Hafer,

und manchmal 13. nach der Gerste noch Hafer. Kommt Raps in den Umlauf, so heißt es: 1. Brache, 2. Raps, 3. Rocken, und dann ferner wie oben.

*) Ehedem bauete er weit mehr Spelz.

Hr. M. säet nicht selten Rocken nach Rocken, und hat es auf mehrern Feldstücken 7 bis 8 Jahre hinter einander gethan, ohne einen Rückschlag zu bemerken; allein, auch wurde beinahe jede Rockensaat gepfuhlt.

So hat er ein Feld, darauf stand im Jahre

1803. Rocken, gepfuhlt;

1804. Rocken, nicht gepfuhlt;

1805. Rocken, gepfuhlt;

1806. Rocken, gepfuhlt, und mit etwas Grund aus dem Hofe befahren;

1807. Rocken, ohne Pfuhl;

1808, 1809, 1810. Rocken, mit Pfuhl.

Auf einem Acker, der seit undenklichen Zeiten keinen Dung erhalten hatte, säete Hr. M.:

1. Wicken, grün abgefüttert;
2. Spelz;
3. Hafer;

setzte dieses ohne Dung neun Jahre fort, und getraut sich, solches hundert Jahre so durchzusetzen; nur muß der Abgang des Dungs durch fleißige Bearbeitung des Feldes ersetzt werden. Das Unkraut wird, wie man denken kann, dabei nicht überlästig. Das ganze Verfahren ist jedoch etwas stiefväterlich; auch führt es Hr. M. bei seinen grundeigenthümlichen Feldern nicht aus. Nach Runkeln läßt er Gerste folgen, doch bemerkt er, daß die Gerste nach Runkeln durch die Trockenheit leidet, und verbrennt.

Hr. M. hält Alles darauf, sowohl das Sommer= als das Brachfruchtfeld vor Winter zweimal, und wenn er kann, dreimal zu pflügen, es mögen für Gegenstände kommen, welche da wollen. Er egget nicht sogleich hinter dem Pflügen, besonders läßt er den Acker gern den Winter über rauh liegen. In diesen Dingen stimmt er durchaus der Meinung des Hrn. Freytags in Speyer bei. Diese Methode des öftern Pflügens vor Winter, welche auf einem zähen Thone der Frühjahrsbestellung mehr Nachtheil als Vortheil bringen würde, indem der Boden ganz dadurch zusammenschlemmen und im Frühjahre einem nassen Teige ähnlich werden würde, muß auf einem so durstigen Boden, wie der zu Pfeddersheim, und an vielen Orten in der Pfalz, nothwendig eine entgegengesetzte vortreffliche Wirkung thun, indem dieser Boden, ohne sich mit Feuchtigkeit zu überladen, derselben so viel im Winter durch das vorhergehende Auflockern mit dem Pfluge aufnimmt, als nöthig ist, den Abgang der Feuchtigkeit im folgenden Vorsommer zu ersetzen.

Behandlung der in der Fruchtfolge vorkommenden Gegenstände.

Erstes Jahr. Wicken.

Da diese Wicken bloß zum Grünfutter bestimmt sind: so werden sie mit einer Beimischung von Hafer und etwas Mais ausgesäet. Dieses Gemisch ist in der Pfalz unter dem Namen des Etzfutters bekannt. Das Vor- und Nachsäen hat dabei seine unbezweifelten Vortheile; indem es also auch vor und nach der Sense entgegenwächst, und nicht auf einmal da ist. Dieses Etzfutter ist bei der Stallfütterung von der äußersten Wichtigkeit, und dient sowohl den allenfalsigen Rückschlag des Klees zu decken, als die Esparsette und andere zum Heu dienliche Gewächse zu schonen. Für einen Acker, der von dem Flughafer, avena fatua, leidet, bietet sein Anbau ein wirksames Heilmittel dar. Nur wird in diesem Falle kein anderer Hafer mitgesäet, indem der Flughafer seine Stelle vertritt.

Man pflügt das zu Wicken bestimmte Land zwei- bis dreimal vor Winter um, und giebt ihm eine vollständige Düngung. Man pflügt jedesmal 7 bis 8 Zoll tief, die letzte Furche im Frühjahre ausgenommen, mit welcher der Samen untergebracht wird. Die Wicken werden gegipst. Nachwuchs ist davon nicht zu erwarten; daher wird die Stoppel sogleich gestürzt.

Zweites Jahr. Rocken.

Nachdem die Wickenstoppel zum zweitenmale umgefahren ist, wird gewalzt und das Land bleibt bis zum halben September liegen. Dann wird der Rocken gesäet und untergepflügt. Darauf wird geegget, aber nicht gewalzt, damit der Schnee besser angehalten werde und die Winterfeuchtigkeit in den Boden dringe. Die Walze wird nachher im Frühjahre gebraucht.

Man läßt auch manchmal Rocken nach Gerste folgen. Die Gerstenstoppel wird auf gleiche Weise wie die Wickenstoppel behandelt. Dieser Gerstrocken wird im Winter gepfuhlt. Er giebt das 12te Korn, wenn der Wickenrocken das 20ste giebt. Der Boden aber, sagt Hr. M., muß in gutem Stande seyn, und die Wirthschaft keinen Mangel an Dünger haben, wenn sie sich an so etwas wagen darf.

Sobald der Rocken weg ist, wird die Stoppel umgepflügt und mit Rüben besäet. Diese werden einmal behackt. Wenn sie ausgezogen sind, pflügt man das Land vor Winter von neuem.

Drittes Jahr. Kartoffeln.

Die Kartoffeln werden größtentheils hinter dem Pfluge eingelegt, indem man alle zwei Fuß ein Stück oder eine ganze Kartoffel einwirft, und jedes Mal zwei Furchen leer ausgehen läßt. Dadurch fallen die Pflanzen nach allen Seiten zwei Fuß auseinander. Man pflanzt 3¼ Malter Kartoffeln auf den Morgen. Sie werden nach den Umständen zweimal behackt, oder einmal geegget und einmal behackt. Anfangs Juli kömmt es zum Häufeln. Es geschieht gewöhnlich durch Kinder. Im October werden sie mit dem Karste ausgehauen. Zu vier Hauer gehören vier Schüttler und acht Raffer. Diese 16 Personen müssen täglich 120 bis 130 Malter (240 bis 260 Berliner Scheffel) abfertigen. Darauf wird geegget, nachgelesen;

dann gepflügt, wobei einer dem Pfluge nachgeht, und die noch zum Vorschein kommenden Kartoffeln sammelt. Zuletzt wird noch einmal geegget und noch einmal nachgelesen. Soll zu Kartoffeln gedüngt werden, so geschieht es mit kurzem Mist; weil sie sonst hier in trocknen Sommern, nach der Bauern Ausdruck, verbrennen. Auf einem kalten, feuchten, zähen Boden, verhält es sich freilich anders, und der lange Mist verdient den Vorzug.

Viertes Jahr. Gerste.

Sie wird so früh als möglich, und, wenn man kann, schon im Hornung auf den vor Winter umgepflügten Acker gesäet, und flach untergepflügt. Man hat zwar Beispiele, daß ein so früh bestellter Acker von dem Froste gelitten hat; aber die Gerste schlug wieder aus. Dasselbe soll auch beim Hafer auf trocknem Boden der Fall seyn. Sobald die Gerste, wie gesagt, untergepflügt ist, wird der Klee ausgesäet, und zugewalzt. Ist der Acker nach dem Gersteinpflügen etwas rauh, so wird vor dem Kleesamen geegget. Hr. M. läßt kein Getreide, folglich auch nicht die Gerste jäten; er erlaubt aber seinen Taglöhnern das Ausgrasen. — Die Gerste kömmt zu Pfeddersheim sehr häufig vor. Die Bauern haben gewöhnlich den fünften oder sechsten Theil ihrer Aecker mit Gerste, und den zehnten Theil mit Kartoffeln bestellt.

Fünftes Jahr. Klee.

Man nimmt acht Pfund Kleesamen auf den Morgen. Die Gerste, unter welche Klee, Esparsette oder Luzerne kommen soll, wird nicht ganz so dicht als gewöhnlich gesäet. Im Hornung wird, so früh man auf das Feld kommen kann, gegipset. Man streuet 250 Pfund auf den Morgen. Er äußert hier die auffallendste Wirkung. Der gelb aussehende Klee nimmt eine dunkelgrüne Farbe an, und wächst bei gutem Frühjahre zu einer Höhe von anderthalb bis zwei Fuß, und stellt sich so dicht, daß seine Köpfe eine völlig ebene rothe Fläche bilden. Sobald die Blumen zur Hälfte aufgeblühet sind, wird der Klee bei günstigem Wetter gemähet, nicht gebreitet und selbst ohne Noth nicht gewendet, um den Abfall der Blätter zu verhüten. Nach zwei heißen sonnigen Tagen sind die Schwaden schon trocken, und werden am dritten oder vierten Tage des Morgens beim Thaue in kleine Haufen gebracht, und der Acker abgerecht. Morgens nach 9 und Abends vor 4 Uhr sollte nichts mit dem Kleeheu vorgenommen werden. Es ist besser, den Klee etwas länger stehen lassen, als seine Ernte bei ungünstigem Wetter vornehmen. Wird das Kleeheu bei der Futterung geschnitten, so hindert die Härte der Stengel nicht, daß sie von dem Vieh verzehrt werden. Manchmal wird das Feld nach dem ersten Kleeschnitte umgebrochen; öfters aber wird noch ein zweiter Schnitt gewonnen, der im feuchten Sommer fast eben so reichlich ausfällt als der erste. Doch läßt man den Klee nie länger als ein Jahr stehen. Eine Hauptbenutzung des zweiten Schnittes besteht im Samen. Ein Morgen kann zwei bis drei Zentner tragen.

Sechstes Jahr. Spelz.

Ist der Klee nur einmal benutzt worden: so wird das Land wie Brache zur Spelzeinsaat behandelt; sonst aber wird die Stoppel nur einfährig gestürzt, Spelz darauf gesäet, und eingeegget. Hr. M. ist nun von jener Verfahrungsweise abgegangen, weil er gefunden hat, daß das zweimalige Pflügen dem Spelz nicht so gut zusagt, als das einmalige.

Siebentes Jahr. Gerste.

Die Spelzstoppel wird zweimal vor Winter umgepflügt. Nach Winter wird die Gerste ausgesäet, und untergepflügt. In diese Gerste kömmt für das

achte, neunte, zehnte Jahr Esparsette.

Ihr Anbau wird sogleich vorkommen.

Elftes Jahr. Kartoffeln.

Die Esparsette wird im zehnten Jahre des Umlaufs, nach dem zweiten, oder noch viel besser nach dem ersten Schnitte umgebrochen, und so stark als möglich veregget. Man pflügt demnächst noch einmal; es sey nun, daß man Spelz einsäen, oder im folgenden Frühjahre Kartoffeln einpflanzen will, welche in einem solchen Umbruche vorzüglich gedeihen.

Zwölftes Jahr. Gerste.

Es hat hier dieselbe Behandlung, wie im vierten Jahre, Statt.

Wir kommen nun noch zu dem

Anbau einiger einzelnen Gegenstände.

1. Luzerne.

Diese Pflanze will einen ihr ganz eigenen Boden, und diesen findet sie zu Pfeddersheim nur an einigen Plätzen. Man säet sie hier vorzugsweise in ausgerodeten Weingärten, oder auf etwas tiefergelegene, mehr Feuchtigkeit anhaltende Felder. Man nimmt acht Pfund Samen auf den Morgen, und säet sie unter Gerste, oder im Herbste, auch im Frühjahre, über den Rocken. In diesem Falle bedarf sie keines Eineggens noch Walzens. Sie geht doch auf. Auch wird sie gleichzeitig mit Brachrüben, oder mit Raps ausgesäet, und gedeihet darunter sehr vortrefflich. Die fallenden Blätter des Rapses düngen den Boden, und die Frucht selbst verläßt das Feld früh genug, um der Luzerne vor Winterszeit, und Raum zu ihrem Wachsthume und Erstärkung zu gewähren. Man findet das Pfuhlen bei dieser Pflanze viel vortheilhafter als das Gipsen; daher man zu diesem nur dann seine Zuflucht nimmt, wenn man keinen Pfuhl hat. Man führt diesen sowohl im Winter als Sommer auf den Acker; doch nur bei Frost, Schnee oder trockner Witterung. Fällt aber im Sommer nach dem Pfuhlen kein Regen, so nimmt das Futter einen Geschmack an, den das Vieh nicht liebt. Man läßt die Luzerne so lange stehen, als sie lohnt. Sie kann zwölf Jahre dauern. Dieses macht, daß sie in einer regelmäßigen Fruchtfolge keine Stelle finden kann. Man bricht sie vor Winter um, und bestellt das Feld im folgenden Jahre mit Kartoffeln.

Grün ist die Luzerne bei der Stallfütterung das vorzüglichste Futterkraut, das man bauen kann. Mit dem halben Mai ist sie mähbar. Gedörrt aber verhält es sich anders, und sie steht dem Klee, und mehr noch der Esparsette, nach. Ihre Stengel werden zu holzig; ihre Blätter bleichen bei dem Dörren durch einen kühlen Regen weiß, und verlieren ihre Kraft. Ein anhaltender Regen verdirbt sie gänzlich. Sie erfodert daher bei dem Heumachen eine außerordentliche Sorgfalt. Mit einem Worte: ihre eigentliche Bestimmung geht auf die grüne Verfütterung, und wenn sie dabei im Nutzen alle andere Kräuter übertrifft, so darf sie doch in grasarmen Gegenden den Klee oder die Esparsette, des Winterfutters wegen, nicht verdrängen. Sie bleibt also die bestmöglichste Beihülfe, ist aber keineswegs die Hauptstütze einer

Wirthschaft. Wohl aber immer derjenigen, die einen Boden hat, der den Anbau dieser edeln Pflanze zuläßt.

Hr. M. nimmt keinen Samen davon auf, eben so wenig als von dem Klee und der Esparsette; er zieht vor, ihn zu kaufen. Der Klee- und Luzerne-Samen stehen zu 12 — 20 kr. das Pfund. Der Samen der Esparsette hat, dem Maße nach, den Werth des unenthülsten Spelzes.

2. Esparsette.

Ich werde noch so oft auf dieses beliebte Futterkraut der Pfalz zurückkommen, daß ich mich enthalten muß, mich hier vollständig über sein Lob auszulassen.

Sie ist die Hauptfutterpflanze dieser Gegend, nicht sowohl ihres Ertrages wegen (denn darin steht sie der Luzerne und dem Klee nach); sondern, weil sie sich nicht mit einem geringern und magerern Boden begnügt, und diesen bereichert zurückläßt. Daß dieser Boden aber reich an Kalktheilen seyn muß, weiß jetzt wol jedermann.

Man säet sie gewöhnlich in die Gerste, oder auch wol, gegen die Hälfte des Julius in die Brache mit etwas Rüben, welche letztere vor und nach zu dem Gebrauch ausgezogen werden. Man braucht 80 bis 90 Pfund Samen auf einen Morgen, und säet 4 Pfund Klee darunter. Dieses letztere ist allgemein, und geschieht aus dem guten Grunde, weil der zweite immer kärgliche Schnitt der Esparsette durch den darunter wuchernden Klee verstärket wird. Weniger empfehlungswürdig könnte allenfalls das Kleeuntersäen an solchen Orten seyn, wo die Esparsette länger als drei Jahre stehen zu bleiben pflegt, welches in der Pfalz nicht der Fall ist.

Das Säen unter die Gerste geschieht, wenn diese untergepflügt ist. Die Esparsette wird über den rauhen Acker hergeworfen und eingeegget. Indem die Esparsette mit Brachrüben ausgesäet wird, so wächst sie schon in demselben Jahre so schön heran, daß man sie noch vor Winter, wenn der Herbst etwas warm und feucht war, abschneiden kann. Im folgenden Jahre giebt sie dann eine gute, und das Jahr darauf eine vollständige Ernte. Ueberhaupt darf man sich diese nicht vor dem zweiten Jahre, das ihrer Aussaat nicht mit einbegriffen, versprechen; dann aber lohnt sie so reichlich, daß der erste Schnitt dem von zwei Luzerneschnitten an Werth gleichkömmt. Man gipst sie alle Jahre. Hr. M. wartet nicht, bis dahin die Blätter den Boden belegt haben, und streuet den Gips manchmal noch während des Frostes aus. Dasselbe beobachtet er auch bei dem Klee.

In trocknen Jahren läßt sich nicht wol mehr als auf einen Schnitt bei der Esparsette rechnen. Dagegen übertrifft er an Menge und Güte den jedes andern Futterkrautes. In feuchten warmen Nachsommern, wird sie dennoch acht bis neun Zoll hoch, und giebt dann, besonders wenn sie mit etwas Klee ausgesäet worden, ein vortreffliches Futter, hauptsächlich für das junge Vieh. Wenn die Blumenähren der Esparsette halb aufgeblüht sind, so ist es Zeit zu ihrer Einerntung zu schreiten. Man verfährt dabei folgendermaßen: Man mähet am Morgen, und kehrt die Schwaden am Abend so um, daß je zwei und zwei neben einander, aber nicht über einander zu liegen kommen. Am Abend des zweiten Tages wird mit der Gabel untergegriffen und das Heu auf kleine spitzzulaufende, vier Fuß hohe Haufen gebracht. Man nimmt sich dabei so viel als möglich in Acht, nichts zu rühren noch zu rütteln. Es wird sogleich nachgerecht. Dieses geschieht in einem Striche vor dem Fuß weg. Das Zusammengerechte wird zu oberst auf die Haufen gelegt. Bei günstigem Wetter kann am dritten Tage schon Alles eingefahren werden. Fällt aber nach dem Mähen Regen ein: so bleiben die Schwaden so lange ungewendet liegen, bis sie wieder trocken sind. Dasselbe gilt auch, wenn am zweiten Tage Regen einfällt. Sollte das Regenwetter gleich acht Tage und noch länger anhalten, so darf doch nichts an dem Gemäheten gethan werden. Es schadet nicht, wenn das Heu etwas feucht eingebracht wird; dazu muß es aber nicht an einem luftigen, sondern geschlossenen Orte liegen, und bei dem Tassen ebenmäßig verbreitet werden, ohne jedoch es fest zu treten. Oben über legt man Stroh, damit die Dünste hinein ziehen und im Heu keinen Schimmel verursachen. Ist das Esperheu trocken eingebracht worden, so kann es unter Obdach und an einem trockenen Orte zehn und mehrere Jahre ohne den geringsten Nachtheil aufbewahrt werden.

Die auf die Heuwerbung der Esparsette von 22 1/2 Morgen bei Hrn. M. fallenden Kosten sind folgende:

Mähen, zu 28 kr.	10 fl.	30 kr.
Den Mähern 4 Maß Wein .	1 —	„ —
Neun Tagarbeiten zum Wenden und Aufsetzen à 42 kr. .	6 —	18 —
Anderthalb Tagearbeit zum Nachrechen	1 —	3 —
4 1/2 Pferdetage zum Einführen	6 —	18 —
9 Tagarbeit zum Auf- u. Abladen	6 —	27 —
Kosten der 22 1/2 Morgen .	31 —	36 —

Thut auf den Morgen 1 fl. 24 kr.

Kosten von 19 1/2 Morgen Esparsettgrummet:

Mähen	9 fl.	6 kr.
2 Maß Wein	0 —	30 —
12 1/2 Tagarbeit zum Wenden	8 —	45 —
1 Tagarbeit zum Nachrechen .	0 —	42 —
2 1/2 Pferdetage zum Einfahren	3 —	30 —
2 Personen zum Auf- u. Abladen	1 —	24 —
Kosten die 19 1/2 Morgen . .	23 —	57 —

Thut auf den Morgen 1 fl. 14 kr.

Vollständigkeit halber wollen wir alle auf die Esparsette fallenden Kosten zusammennehmen, und dann die Bilanze ziehen.

Kosten von einem Morgen:

85 Pfund Samen	4 fl.	„	kr.
Gipsen	„ —	58	—
Heuwerbung	1 —	24	—
Grummetmachen	1 —	14	—
Sämmtliche Kosten . . .	7 —	36	—

Wir werden auf einer der bald folgenden Tabellen sehen, daß ein Morgen Esparsette bei Hrn. M. im Durchschnitte 2078 Pfund abwirft; es steht ihm also der Zentner zu 22 kr., etwas über 5 Sgr.

Nehmen wir den Zentner zu dem Preise an, wie ihn Hr. M. seinen Pferden anrechnet, d. i., zu einem rheinischen Gulden, so giebt ein Morgen Esparsette an rohem Geldertrage 20 fl. 47 kr.
an reinem Geldertrage . . . 13 fl. 11 —

Die Esparsette leidet auch wol manchmal vom Froste, welches bei dem Klee und der Luzerne nicht zu befahren ist. Geschieht dieses, so wird das Land gleich umgebrochen und mit Etzfutter bestellt.

Sobald die Esparsette anfängt sich zu verdünnen, und der Boden sich mit Gras zu bedecken, welches allemal im dritten Jahre ihres Genusses, d. i., im vierten ihres Lebens, eintrifft: so wird sie nach dem ersten Schnitte gestürzt, und der Acker im Herbste mit Spelz besäet. Will man aber, was noch besser ist, Kartoffeln darauf folgen lassen, so kann man in jenem dritten Jahre auch noch den zweiten Schnitt davon abnehmen. Die Stoppel aber muß auch zu Kartoffeln vor Winter gestürzt werden. Ein solches Feld giebt eine vorzügliche Kartoffelnernte.

3. Runkelrüben.

Hr. M. ist ein großer Verehrer dieser Wurzelgattung. Er hält sie gegen die allgemeine Meinung nicht für besonders kraftaussaugend; allein, ich sollte glauben, daß dasjenige, was nicht wohl ohne Dung, und zwar ohne vielen Dung, oder im Boden vorhandene Dungkraft fortkömmt, diese wohl an sich ziehen müsse, denn sonst könnte es ihrer ja zu seinem Gedeihen entbehren. Alles aber was die Pflanze sich zu ihrem Wachsthume aus dem Boden zueignet, geht unfehlbar für diesen verloren, und dieses ist bei Runkelrüben durchaus der Fall, wie mich hundert Erfahrungen gewöhnlicher Landwirthe überzeugt haben. Spürt Hr. M. dieses bei ihrem Anbaue nicht, so kömmt es daher, weil seine Felder schon in übergutem Stande sind, oder weil er in der Lage ist, durch Dung und Pfuhl ihre wankenden Kräfte wieder herzustellen. Uebrigens ist er überzeugt, daß die Runkeln einen sehr fetten, gedüngten und gepfuhlten, dabei tüchtig gepflügten Boden fodern.

Er hat zweierlei Arten die Runkeln zu bauen, nämlich das Verpflanzen und das Körnerstecken. Er giebt diesem auf gepfuhltem und mürben, jenem auf frischgedüngtem Boden den Vorzug.

In dem Falle, daß er zum Verpflanzen schreitet, erzieht er die Setzlinge in einem Garten, oder auf einem gartenmäßigen Lande. Indessen wird das Feld, das sie später aufnehmen soll, gedüngt, und der Dung durch ein oft wiederholtes Pflügen, so viel wie möglich, mit dem Boden gemischt. Ist der Dung alsdann hinreichend verweset, so werden die Pflanzen hinter dem Pfluge auf die Rücken der Furchen gesetzt, so daß ihrer immer zwei dazwischen leer ausgehen; die Pflanzen also drittehalb Fuß von einander fallen. Ist der Dung aber nicht hinreichend genug verbaut, so pflügt man zuerst den ganzen Acker und walzet ihn eben. Demnach wird eine Knotenschnur gespannt, und man bringt bei jedem Knoten, in der schon angegebenen Entfernung, eine Pflanze mit dem Pflanzstocke in die Erde. Es werden 7000 Pflänzlinge auf einem Morgen erfodert. Das Angießen ist zwar nicht nothwendig, doch wenn man's kann, nützlich.

In Ganzem giebt Hr. M. dem Stecken der Samenkörner an bleibendem Ort und Stelle den Vorzug; weil die Rüben alsdann durch kein Verpflanzen in ihrem Wuchse gestört werden. Dazu gehört aber die unerläßliche doppelte Bedingung, daß der Boden so mürbe als möglich gemacht, und der Dung vor Winter untergebracht, und auf das innigste mit der Erde vermischt sey. Dazu schickt sich also auf der Welt kein Dung besser, als der Pfuhl, (Jauche), welcher im Winter aufgebracht wird. Wer also sein Feld vor Winter düngen, und noch dabei im Winter pfuhlen, wer es durch wiederholtes Pflügen, und so früh wie möglich in einen durchaus mürben Zustand versetzen kann, der thut, meiner Meinung nach, auf einem Boden, der nicht stark zur Erzeugung des Unkrautes geneigt ist, besser, die Körner an Ort und Stelle zu stecken; widrigenfalls aber ist es gerathener, zu dem Verpflanzen seine Zuflucht zu nehmen. Dieses letztere wird also wohl in der Regel die anwendbarste Methode bleiben, und ich bin der Erfahrung nach durchaus dafür.

Diese Weise, wie Hr. M. bei dem Stecken der Körner verfährt, ist folgende. Anfangs April wird das Feld zum letzten Male gepflügt. Es folgen dabei zwei Personen dem Pfluge. Die erstere, in der einen Hand ein drittehalb Fuß langes Stöcklein haltend, macht nach diesem Maßstabe mit der andern Hand auf dem Rücken der Furche eine kleine Grube, in welche die zweite Person ein oder zwei Samenkörner legt, und solche einen Zoll hoch mit Grund bedeckt. Es werden jedesmal ein oder zwei Furchen überschlagen, je nachdem diese schmal oder breit sind. Nach dem Pflanzen wird mit einer schweren Walze gewalzt. So bleibt das Feld liegen, bis das Unkraut hervorkömmt, und sich die Pflanzen zeigen. Alsdann wird die ganze Oberfläche behackt, und wo mehr als eine Pflanze aufgekommen, wie dieses durchgehends geschieht, das Uebrige ausgezogen. — Auf dieses erste Behacken folgt bald ein zweites. Im August endlich wird aufgeräumt, d. h. der Grund wird mit der Hacke von den Wurzeln weg, und in die Zwischenräume gebracht; so, daß die Wurzel, die alsdann schon eine beträchtliche Dicke erreicht hat, ganz frei steht, welches nothwendig seyn soll. Wenigstens versichert Hr. M., auf diese Art schon Wurzeln von 20 bis 25 Pfund auf freiem Felde gezogen zu haben.

Wie jeder denkende und aufmerksame Landwirth, so ist auch Hr. M. überzeugt, daß das Abblatten der Runkeln nur auf Kosten der Wurzeln geschieht, und solches die Kuh für das Kalb hingeben heißt. Er läßt also höchstens nur die Blätter abnehmen, die bei dem Behacken hinderlich sind, oder zwecklos sich an den Boden schmiegen und absterben. Hat aber die Rübe einmal ihren Wuchs vollendet, welches zu Anfang Oktobers geschieht: so läßt er sie vor und nach entblättern, nach dem Verhältnisse, daß man das Laub verfüttern kann, weil bei einer großen Pflanzung es desselben sonst bei der Ernte so viel auf einmal geben würde, daß man einen Theil davon müßte umkommen lassen.

Der Runkelrübenbau ist keine der Hauptstützen, aber doch eine gute Beihülfe in einer Wirthschaft. Schlagen die übrigen Wurzelgewächse durch außerordentliche Fälle zurück: so gewähren die Runkeln einigen Ersatz. Ob sie also gleich vielen Dünger erheischen, vielen verzehren, viele Arbeit fodern, und doch keine vortheilhafte Vorfrucht für andere Gewächse in der Fruchtfolge sind, und endlich ob sie gleich weder den Rüben, noch den Kartoffeln an Milchergiebigkeit gleichkommen: so sollte man doch den Anbau derselben auf keine Weise vernachlässigen. Man sitzt doch sicherer auf einem Schemel der vier Stollen hat, als auf einem zwei- oder dreistolligen. Die Runkeln wirken stark auf das Fleisch; werden sie daher mit einem mehr Milch erzeugenden Futter gemischt, so wird dadurch der Zweck der Milchnutzung mit dem des guten Zustandes des Viehes verbunden, welches sich von der Fütterung bloß mit Kartoffeln nicht sagen läßt. Das lange Aufbehalten der Runkeln, bis selbst zum ersten Kleeschnitt, macht übrigens dieses Futtergewächs äußerst schätzbar.

Erntegeschäft.

Das Getreide reift hier sehr schnell. Die Rockenernte hat schon um Johannis Statt. Die Sichel ist das gewöhnlichste Werkzeug bei der Getreideernte; es wird damit entweder geschnitten oder gehauen; bei letzterem geht es näher an der Erde weg. Wenn man doch einmal hauen will, so ist es unbegreiflich, warum man noch nicht zu der niederländischen Heusense gegriffen hat? Das Hauen mit einer Sichel heißt wohl die Hecken mit einer Papierscheere scheeren.

Stehen Gerste und Hafer aufrecht: so werden sie mit der Sense abgebracht, und entweder in

Schwaden niedergelegt, oder angemäht und gegen das stehende Getreide angelehnt. Der Spelz wird, sobald er geschnitten ist, gebunden und eingefahren; den Weizen aber läßt man gern einige Zeit auf dem Felde liegen, weil er sich dann in der Folge leichter ausdreschen läßt. Alle Gattung von Frucht wird in Garben gebunden, und die Gerste nicht, wie im Elsaß, gleich dem Heu aufgeladen. Zu dem Einfahren des Getreides wird der Leiterwagen mit einem Tuche überdeckt.

Der Schnitterlohn von einem Morgen Getreide kostet 1 fl. und sieben Pfund Brot, welche man zu 24 kr. anschlagen kann. Gedroschen wird um das achtzehnte Malter von jeder Gattung von Getreide.

Wir eilen nunmehr zu den Resultaten der Wirthschaftserfahrungen des Hrn. M. Vorläufig muß ich anzeigen, daß das Malter, von welchem die Rede ist, 106,66 Liter enthält. Es machte also ein Malter 1,964 Berl. Scheffel, oder 3,432 Himten.

Dem Gewichte nach hat ein Malter

Rocken	170	Pfund
Weizen	180	—
Spelz	110	—
Gerste	145	—
Hafer, gestrichen	112	—
Raps	160	—

Kartoffeln . . . . 200 —
Runkeln . . . . 180 —
Das Malter theilt sich in vier Frinzel. Der Morgen hat 26,038 Ares; der Berliner 25,516. Dieser ist also um etwas kleiner als jener; oberflächlich kann man beide Morgen für gleich, und ein Malter für zwei Berliner Scheffel annehmen.

Beobachtungen zu Tab. I.

Rocken.

Der höchste Ertrag war 1809, und gab 9½ Malter vom Morgen.

Der geringste Ertrag war 1811, und gab 4 Malter.

Der Mittelertrag ist 7. 32 Malter.

Spelz.

Der höchste Ertrag war 1812, und gab 21 Malter.

Der geringste Ertrag war 1811, und gab 4¾ Malter.

Der Mittelertrag ist 11. 24 Malter.

Gerste.

Der höchste Ertrag war 1806; er gab 10½ Malter.

Ertrag

Jahre.	Rocken		
	Morgen	Malter	Morg
1803	10	98	12
1804	12	94	15
1805	13	97	18
1806	17	113	18
1807	17	121	22
1808	14	105	20
1809	15	143	8
1810	22	155	6
1811	19	76	8
1812	13	111½	5
Total = Summe	152	1113½	132
Im Durchschnitt	15. 2	111. 3	13.

etreide.

Gerste		Hafer	
Morgen	Malter	Morgen	Malter
21	158¾	9	72
40	223½	12	92½
25	178½	14	108
30	220	15	80
24	114	14	89½
34	276	14	108
28	263½	19	223½
33	292	9	79
35	118½	15	118
34	234	24	287½
304	2078¾	145	1258
30. 4	207. 8	14. 5	125. 8

Der geringste Ertrag war 1811; er gab 3⅕ Malter.

Der Mittelertrag ist 6. 83 Malter.

Hafer.

Der höchste Ertrag war 1809, und gab 11¾ Malter.

Der geringste Ertrag war 1803, und gab 8 Malter.

Der Mittelertrag ist 8. 68 Malter.

Unter diesen vier Getreidearten ist der Hafer, dessen Ertrag sich in zehn Jahren am meisten gleich blieb, und der Spelz, der den stärksten Veränderungen unterworfen war. Das fruchtreichste von jenen Jahren war 1809, und nach ihm 1812; das schlechteste von allen 1811, woran Trockenheit und außerordentlicher Mäusefraß Schuld hatten. Dieses Jahr, das dem Bachus so sehr hold war, war der Ceres so sehr nachtheilig!

Beobachtungen zu Tab. II.

Alle vier Futterkräuter der gegenüberstehenden Tabelle sind in trocknem Zustande angegeben. Da Klee und Esparsette bei Hrn. M. zu Heu gemacht werden: so ergiebt sich ihr trockner Ertrag von selbst. Luzerne aber und Wicken werden grün verfüttert. Um diese nun auch auf Heu zu reduziren, berechnet Hr. M. ihren Ertrag nach den Futtertagen, und nimmt das Equivalent des grünen Futters, das eine Kuh täglich nöthig hat, zu 15 Pfund Heu an, welches sie auch im Sommer, wo wenig oder kein Stroh verfüttert wird, zum allerwenigsten braucht.

Der Durchschnittsertrag, den Hr. Staatsrath Thaer bei guter Kultur von jenen Futtergewächsen annimmt, ist beträchtlich stärker, als der des Hrn. M. Jener rechnet auf den Morgen:

bei der Luzerne	4000	Pfund
bei dem Klee	2400	—
bei der Esparsette	2000	—
bei den Wicken	2000	—

Doch gehört zu jenem Luzernertrag ein Zusammentreffen von allen günstigen Umständen, die diese Pflanze wünschen kann, und in diesem Falle ist man nicht zu Pfeddersheim.

Das Jahr 1811 scheint, seiner Trockenheit oder des Mäusefraßes wegen, den Wicken nicht günstig gewesen zu seyn. Den Klee hat es vermuthlich ganz zerstört; die Esparsette aber hat

Ertrag an

Jahre.	Luzerne Pfund per Morgen	Luzerne Pfund überhaupt	K… per Mo…
1803	752	5264	22
1804	1731	10386	26
1805	1715	8575	28
1806	2013	16104	35
1807	2242	4484	23
1808	1876	5628	8
1809	860	2580	21
1810	1530	1530	
1811			
1812			
Total-Summe	12715	54551	165
Im Durchschnitt	1590	6819	23

Der stärkste Ertrag der Luzerne gab .
Der stärkste Ertrag des Klees gab . .
Der stärkste Ertrag der Esparsette gab
Der stärkste Ertrag der Wicken gab .

Im Durchschnitt der Jahre verhäl
der Esparsette zu dem des Klees wie
der Luzerne zu dem des Klees wie
des Wickenfutters zu dem des Klees wie

r k r ä u t e r n.

Esparsette Pfund per Morgen	Esparsette Pfund überhaupt	Wicken Pfund per Morgen	Wicken Pfund überhaupt
2369	56856	1104	13245
3003	96096	784	7053
2099	102851	1366	16368
2681	120645	1105	16578
1797	79068	964	14466
431	15947	1225	17149
1708	63196	1293	9050
3797	121504	1171	14150
1801	79244	425	2125
1103	24817	1418	21676
20789	760224	10855	131860
2078	76022	1085	13186

2242 Pf. vom Morgen.
3508 " " "
3797 " " "
1366 " " "

M. der Ertrag

Zu Seite 157

Jahre.	Ertrag des	
	Runkeln Pfund	
	per Morgen	überhaupt
1803	10134	60804
1804	16167	97002
1805	12559	87912
1806	16583	99528
1807	12688	101504
1808	26105	208840
1809	16313	146817
1810	14502	146016
1811	12934	90538
1812	13089	167801
Total-Summe	151079	1,206762
Im Durchschnitt	15107	120676

Die Runkelrübenblätter geben in ein
Der Getreidezusatz bei dem Brantwe
Gewichte nach, ein Achtel de

…s	Brennerei	
…eln	Getreide Pfund	Kartoffeln Pfund
…rhaupt		
…150	55400	242800
…000	54900	104000
…000	18000	295000
…000	20900	359200
…700	26500	312000
…046	18400	116600
…700	9300	170000
…600	45200	208200
…800	35200	270000
…368	20900	164600
…364	304700	2,242400
…336	30470	224240

…von neun Jahren 7134 Pfund jährlich.
…rtoffeln macht im Durchschnitte, und dem
…mmten Masse.

sich noch ziemlich gehalten. Der geringe Ertrag dieses Futterkrauts im Jahre 1808 ist merkwürdig, woran ebenfalls der Mäusefraß, ein kalter Mai und ein trockner Nachsommer Schuld hatten.

Beobachtungen zu Tab. III.

Der geringste Ertrag der Runkeln hatte Statt im Jahre 1803, und gab 10134 Pfund; der höchste 1808, und gab 26105 Pfund. Der Durchschnitt von zehn Jahren giebt per Morgen 15107 Pfd. Wurzeln. Hr. Staatsrath Thaer nimmt den Mittelertrag zu 20000 Pfd. an.

Der geringste Ertrag der Kartoffeln traf im Jahre 1803 ein, und gab 4686 Pfd.; der höchste 1809, und gab 10300 Pfd. Der zehnjährige Durchschnitt von einem Morgen giebt 7975 Pfd. Dieses Resultat würde mit dem des Hrn. Thaers ziemlich genau übereinstimmen: wenn, woran ich durchaus zweifle, Hr. M. die Einlage von dem Ertrage abgezogen hätte.

Nehmen wir mit Hrn. Thaer die nährende Kraft der Runkeln zu 10, und die der Kartoffeln zu 25 pr. Cent an, so giebt bei Hrn. M. ein Morgen Runkeln 1510, ein Morgen Kartoffeln 1994 Pfd., dem Heu an Nahrungskraft gleichkommende Theile. Es ständen also 25 Morgen

Kartoffeln an Werth 33 Morgen Runkeln gleich. Dieses würde also durchaus nicht zum Vortheile der letztern sprechen, wenn diesen nicht das Kraut und die geringeren Kosten für Samen und Einernten zu Hülfe kämen. Indessen muß man sich doch wundern, daß Hr. M., der jährlich zu seiner Brantweinbrennerei noch 200 Zentner Kartoffeln zukauft, seine Kartoffelpflanzungen nicht auf Kosten der Runkelrüben vergrößert, um so mehr, da diese so vielen Dünger erheischen, und bei ihm die Gerstenernte verschlechtern.

Zu Seite 159

Ertra

Jahre.	Rocken Pfund		S
	per Morgen	überhaupt	per M
1803	3136	31360	18
1804	1835	22020	11
1805	2580	33540	9
1806	2311	39287	134
1807	2561	43537	114
1808	1954	27356	11
1809	2812	42180	20
1810	2257	49654	19
1811	1303	24727	47
1812	1917	24921	17
Total=Summe	22666	338582	1384
Im Durchschnitt	2666	33858	138

Stroh.

Gerste Pfund		Hafer Pfund	
r Morgen	überhaupt	per Morgen	überhaupt
1074	22554	1375	12375
932	37280	668	8016
1109	27725	1093	15302
1155	34650	823	12345
855	20520	834	11676
1064	36176	870	12080
1074	30072	1497	28443
1082	35706	869	7821
556	19460	792	11880
793	26962	1484	35616
9694	291105	10305	155554
969	29110	1030	15555

Beobachtungen zu Tab. IV.

Hr. M. erntet im Durchschnitt 955 Zentner Stroh. Ob er damit bei seinem Viehstande zureiche, müssen wir untersuchen. Seine drei Pferde erfodern jährlich zum Fressen und Einstreuen 150 Zentner. Diese abgezogen von dem Strohertrage, bleiben noch 805 Zentner für das übrige Vieh. Setzen wir, daß Hr. M. 22 Stück großes Vieh unterhalte, so fallen auf jedes jährlich 3659 Pfd., also zehn Pfund täglich. Dieses würde freilich etwas wenig seyn, wenn Kühe und Ochsen viel Stroh fressen sollten. Das ist aber bei Hrn. M. der Fall nicht, indem er, wie wir gleich sehen werden, einen Ueberfluß an Heu und anderm Futter hat. Der Strohvorrath ist daher vollkommen zureichend. Wenn Hr. M. indessen alle Jahre noch Stroh zukauft: so geschieht es, weil er von Jahr zu Jahr seine Wirthschaft vergrößert, also neue Feldstücke übernimmt, denen es gewöhnlich an Kraft gebricht, und die er schnell in Stand setzen will.

Tab. V.

Viehstand.

	Pferde	Rindvieh Schweine	Maß Milch per Kuh
1803	3	21. 20	
1804	3	20	1055
1805	2. 5	23. 50	1129
1806	3	24. 25	1093
1807	3	24. 20	788
1808	3	20	642
1809	3	21. 50	640
1810	3	21	567
1811	3	23	599
1812	4	20	591
Total-Summe	30. 5	217. 75	4104
Durchschnitt	3. 05	21. 77	456

Beobachtungen zu Tab. V.

Da es bei der Stallfütterung nicht genug ist Vieh aufzustellen, wenn man nicht zugleich für zureichendes Futter sorgt: so müssen wir sehen, ob solches bei Hrn. M. zureicht. Zuerst kommt der grüne oder Sommervorrath in Betracht. Nur Luzerne und Wicken werden grün bei ihm verfüttert. Er schlägt im Durchschnitt den Ertrag der ersten zu 454½, den der letzten zu 879 Futtertagen an. Wir haben also zusammen 1333 und einen halben Futtertag. Nimmt man die Sommerfütterung zu 120 Tage, so kann Hr. M. elf Stücke großes Vieh damit unterhalten, und mehr, glaube ich nicht, daß er im Sommer aufstehen hat. Seine Ochsen, die er nur im Herbst ankauft, werden mit Brantweinwäsche, Heu und etwas Korn durchgehalten, und im Winter gemästet.

Um aber die Fütterung von dem Ganzen unter einen Gesichtspunkt zu bringen, wollen wir alles Futter nach der Tabelle in seinem trocknen Zustande berechnen. Demnach haben wir 116556 Pfund Heu. Ziehen wir von diesem Heuvorrathe für die 3 Pferde, die Hr. M. hält, 75 Zentner ab, so bleiben uns noch 1090 Zentner übrig; allein wir haben gesehen, daß Hr. M. das Heuquantum für die Pferde ungleich höher, nämlich zu 45½ Zentner per Stück berechnet, auf 3 Pferde also 163½ Zentner fallen: es bleiben folglich nur noch 1002 Zentner für das andre Vieh übrig.

Hr. Thaer nimmt den jährlichen Bedarf einer mittelmäßigen Kuh zu 45 Zentner Heu an. Demnach können genau 22 Stücke bei Hrn. M. gehalten werden. Setzen wir nun zu diesem Futter noch die Masse von Runkeln, Rüben *) und Brantweinwäsche, die in dieser Wirthschaft noch nebenher vorkommen: so folgt, daß das Vieh dabei wirklich im Ueberflusse lebt.

*) Hr. M. gewann im Jahre 1810 auf 12 Morgen 101 Malter Stoppelrüben

Tab. VI.

Dung.

	Fuder Mist zu 15 Zentner	Morgen gedüngt	Morgen gepfuhlt
1803	413	11.25	10.45
1804	496	17.37	9.80
1805	504	15.50	10.12
1806	393	14.62	14. 5
1807	451	17.37	10.30
1808	352	9.25	11.20
1809	523	17.30	22.50
1810	440	14.75	19.20
1811	479	16.66	18.45
1812	304	10.50	18.45
Total-Summe	4365	144.67	144.52
im Durchschnitt	435	14.46	14.45

Beobachtungen zu Tab. VI.

Hr. Staatsrath Thaer behauptet mit Recht, daß es bei der Ausmittelung des Mistquantums einer Wirthschaft nicht darauf ankomme, wie viel Vieh sie aufstehen hat: sondern wie viel Futter sie daran verfüttert, und wie stark sie einstreut. Um den Mist, der aus den trocknen Futterkräutern sowohl, als aus dem Stroh hervorgeht, auszumitteln, nimmt er einen Multiplikator von 2 . 3 an. Wird reichlich eingestreut, so gilt für das Stroh der Multiplikator von 2. Den Mist aus dem Wurzelwerk berechnet er zu 3/5 des Gewichts dieses letztern. Wir wollen nun den jährlichen Futtervorrath des Hrn. M. an diesen Maßstab halten, und sehen, wie viel Mist er daraus beziehen kann.

Nach Tab. II. beträgt die Masse der trocknen Futterkräuter 116556 Pfd.; multiplizirt durch 2 . 3 giebt Pfd. Dung	268078
Er hat in Runkeln und Kartoffeln nach Tab. III. 322012 Pfd.; angenommen zu 3/5 ihres Gewichtes, geben Pfd. Dung	193207
Er hat nach Tab. IV. 95500 Pfd. Stroh; multiplizirt durch 2, geben Pfd. Dung	191000
Pfund Dung in Ganzem	652285

Dieses merkwürdige Zusammentreffen der von Hrn. Thaer aufgestellten Regeln mit den zehnjährigen Wirthschaftserfahrungen des Hrn. M. beweist sowohl für die Güte der ersten, als die

Genauigkeit der letzten. Man kann mit einem Anschein von Recht einwenden, daß dieses bei Hrn. M. nicht zutreffen müsse, indem 1) durch das Brennen der Kartoffeln zu Geist, vieles von ihren nährenden Theilen, daher auch für den Mist verloren geht; 2) daß, da der Pfuhl oder die Jauche besonders ausgeführt wird, der Mist dadurch an Masse und Gewicht verliert; 3) daß die Pferde und Zugochsen nicht immer auf dem Stalle sind, mithin viel Mist verloren wird. Dagegen aber bemerke ich 1) daß die 229 Zentner Kartoffeln, die Hr. M. jährlich zum Betriebe seiner Brennerei noch zukauft, eben so wenig als der Zusatz von 304 Zentner Getreide bei unserer Berechnung in Anschlag gebracht worden; 2) ist der Ertrag der Stoppelrüben und Runkelrübenblätter, so wie 3) das Getreide, das Pferde und Schweine erhalten, weggelassen worden. Ich glaube daher, daß Alles gegen einander verglichen, meine Angabe ihre volle Richtigkeit hat.

Beobachtungen zu Tab. VII.

Die Einsaat dem Gewichte nach auf den Morgen ist bei

dem Rocken . . .	74 .	8	Pfund
dem Spelz . . .	90 .	25	—
der Gerste . . .	66 .	37	—
dem Hafer . . .	45 .	00	—

Vergleichen wir dieses mit dem Seite 153 angegebenen Gewichte eines Malters, so wird gesäet auf den Morgen

an Rocken	0 .	44	Malter
an Spelz	0 .	82	—
an Gerste	0 .	46	—
an Hafer	0 .	40	—

Demnach gäbe durch die Samenvermehrung ein Morgen im Durchschnitt

an Rocken	7 .	53	Malter
an Spelz	10 .	77	—
an Gerste	7 .	45	—
an Hafer	8 .	66	—

Dieses stimmt aber nicht ganz mit Tab. I. überein. Das Gewicht der Körner nach dem Malter ist also entweder hier oder Seite 153 nicht richtig angegeben worden.

Bei dem Ertrage bemerke ich, daß er nicht allein die Getreidefelder; sondern im Durchschnitt

Jahre.	Vermehrun[g]	
	Rocken	Spel[z]
1803	20 . 57	13 . 25
1804	14 . 47	13 . 14
1805	16 . 30	11 . 06
1806	16 . 52	11 . 09
1807	20 . 67	9 . 10
1808	17 . 05	10 . 65
1809	22 . 00	19 . 53
1810	15 . 97	16 . 50
1811	7 . 50	4 . 70
1812	20 . 27	22 . 39
Total=Summe	172 . 32	131 . 41
Im Durchschnitt	17 . 13	13 . 14

...aat	Ertrag vom Morgen			
	roher		reiner	
Hafer	fl.	kr.	fl.	kr.
17 . 00	29	15	5	21
20 . 19	28	29	5	12
24 . 98	25	28	8	29
17 . 32	36	28	7	19
17 . 93	28	16	1	52
22 . 40	20	30	2	48
28 . 60	34	33	3	30
20 . 38	39	48	13	22
20 . 91	34	6	5	56
25 . 96	37	36	11	22
215 . 67	314	29	65	11
21 . 56	31	27	6	51

Zu Seite 167

Verhältniß de

Jahre.	Rocken Pfund		S
	Körner	Stroh	Körn
1803	16660	31360	173
1804	15980	22020	196
1805	16490	33540	216
1806	19210	39287	207
1807	20750	43537	204
1808	17850	27356	198
1809	24310	42180	171
1810	26350	49654	116
1811	12920	24727	41
1812	18955	24921	115
Total-Summe	189475	338582	1642
Verhältniß	wie 1000	zu 1790	wie 10

es zum Korne.

Gerste		Hafer	
Pfund		Pfund	
Körner	Stroh	Körner	Stroh
23019	22554	8064	12375
32407	37280	10360	8016
25882	27725	12096	15302
31900	34650	8960	12345
16530	20520	10024	11676
40020	36176	12096	12080
38207	30072	25132	28443
42340	35706	8848	7821
17182	19460	13216	11880
33930	26962	32100	35616
301417 wie 1000	291105 zu 966	140896 wie 1000	155554 zu 1104

lle Aecker der ganzen Wirthschaft betrifft. Das
eißt: jede hundert Morgen, die Hr. M. baut,
aben alljährlich einen rohen Ertrag von 3148 fl.
heinisch, oder einen reinen von 685 fl.

Es scheint sonderbar, daß 1809, das frucht-
eichste jener zehn Jahre, nur 3½ fl. reinen Er-
trag, also nicht viel mehr als die Hälfte des
Durchschnitts gab, welcher Minderertrag aber in
em ungewöhnlichen Verlust auf den Viehstoppel,
er in dieses Jahr fiel, aufzusuchen ist.

Beobachtungen zu Tab. VIII.

Nach den Grundsätzen der rationellen Land-
wirthschaft verhält sich das Korn zum Stroh bei

dem Rocken wie	1000 zu 2500
dem Spelz (nicht angegeben)	
der Gerste wie	1000 zu 1587
dem Hafer wie	1000 zu 1640
dem Weizen wie	1000 zu 2000

Was zu einem so erheblichen Unterschied zwischen
en Wirthschaftserfahrungen des Hrn. M. und den
Resultaten des Hrn. Staatsrath Thaer Anlaß
iebt, weiß ich durchaus nicht. Nur glaube ich,
aß bei Hrn. M. das Kaff, Wirrstroh und die
leberkehr nicht in Rechnung gebracht worden.

Monsheim.

Herr Möllinger hatte die Güte, mich hieher zu begleiten, um mir die große und berühmte Wirthschaft seiner Familie zu zeigen.

Die Vereinigung von 6 bis 700 Morgen, worunter mehr als 600 Morgen Ackerland, 24 Morgen Reben, und die übrigen Wiesen, Gärten und Gehölze sind, mit einer Essig- und Brantweinfabrik, einer sehr starken Bierbrauerei, und der damit verbundenen Mastung zeigt, in einem Lande wie die Pfalz, eine nicht gewöhnliche Wirthschaft an, und lohnt der Mühe, ein wenig dabei zu verweilen; wenn sie gleich zu unsern Tagen, wo eine Reihe von Sterbefällen die Häupter der Familie weggenommen hat, dem Beobachtungsgeiste nicht mehr den merkwürdigen Anblick gewährt, den sie ihm vor mehrern Jahren darzubieten vermochte.

Ein schönes, großes, neuerbauetes Haus nahm uns auf, und eine prunklose, gute, gastfreie Familie kam uns entgegen. Ich fand hier keinen feisten Pächterstolz, keine städtische Ziererei, keine Ueppigkeit, keine kleinliche Knauserei; sondern Reinlichkeit, Ordnung, Wohlwollen und Gemüthlichkeit, die Ueberbleibsel jenes guten patriarchalischen Zeitalters, das, ungeachtet unsrer sogenannten Aufklärung, besser war, als das unsrige.

Die Wirthschaftsgebäude sind weitläufig, wiewohl ohne Ordnung und Regelmäßigkeit angelegt. Man sieht, wie sie vor und nach entstanden sind, in dem Verhältnisse, daß sich die Wirthschaft, und mit ihr die Kraft des Besitzers, vergrößerte. Merkwürdiger als das neue Wohnhaus war mir die ländliche Hütte auf dem Hofe, in welcher einst der kräftige, thatvolle Mann lebte, der diese Wirthschaft aus dem Nichts hervorrief und durch seinen Fleiß, seine Industrie, seinen Muth, sein tiefes und richtiges Denken den Grund zu dem Wohlstande einer jetzt zahlreichen Familie legte; dem Vaterlande das Beispiel einer verbesserten Kultur gab, und sich selbst ein bleibendes Denkmal unter seinen Verwandten und Mitbürgern stiftete. Ihm sey auch hier ein Denkmal in folgender biographischen Skizze geweiht, und gehe zu der Nachwelt über, wenn spät seine Urenkel nicht mehr als den Namen von ihrem verdienstvollen Ahnen wissen werden. Allzusehr mit seinem gegenwärtigen Genusse beschäftigt, und zu beängstigt für die Zukunft, wirft der Mensch seine Blicke nur selten auf die Vergangenheit zurück. Er begnügt sich zu ernten, wo er nicht gesäet hat, und setzt gedankenlos die schimmernde Sense auf dem Hügel an, der die Gebeine des ungenannten Wohlthäters deckt, dem er die Gräser, die darauf blühen, verdankt.

Es ist zu bedauern, daß ich, aller Mühe ungeachtet, nicht viel von jenem seltnen Manne, und noch weniger von seiner Verfahrungsart, seinen allmählihen Fortschritten, und den besondern Erfahrungen, die er in einer langen Reihe von Jahren und bei seinem Unternehmungsgeiste nothwendig gemacht hat, einziehen konnte. Ich begnüge mich also, folgende wenige Splitter aus dem Strome der Zeit zu retten.

David Möllinger.

Die Familie der Möllinger kam in der Hälfte des siebzehnten Jahrhunderts aus der Schweiz, und setzte sich in der Pfalz fest. David Möllinger, von dem hier die Rede ist, ward 1709 geboren. Das Vermögen, womit er zu wirthschaften anfing, war nicht groß; denn er und seine Frau brachten nicht mehr als 500 fl. zusammen. Er wohnte zuerst in Mutterstadt, und zog im Jahre 1738 nach Cronau bej Frankenthal, wo er durch Handel und Gewerbe sein kleines Kapital vermehrte, und sich nach einigen Jahren in den Stand setzte, etwas Größeres zu unternehmen. Zu dem Ende kaufte er sich im Jahre 1744 zu Monsheim in der Gegend von Pfeddersheim an, brennte Brantwein, braute Bier, verfertigte Essig, trieb etwas Mastung, und bestellte seine Aecker.

Zu dieser Zeit lagen die Felder in dem größten Theile der Pfalz noch in zwei Fluren, wovon wechselsweise die eine besäet war, und die andere brach liegen blieb. Klee und Esper gehörten noch unter die Schätze, die der Mensch so oft, selbst an seiner Hausthüre, übersieht. Man bauete dennoch schon etwas Luzerne; allein diese paßte nur an wenige Orte und war daher nicht zureichend, den Abgang an Graswuchs zu ersetzen, woran diese Gegend leidet. Es war schon viel, wenn man auf hundert Morgen drei magere Kühe und einige Rinder antraf, und selbst diese fanden kaum einen kärglichen Unterhalt. Kein Futter, kein Vieh; kein Vieh, kein Dung; kein Dung, kein Ertrag! Der Vampir des Judenthums sog dem Landwirthe die wenigen Blutstropfen, die ihm noch übrig blieben, vollends ab. So nistet sich an dem Fuße einer kränkelnden Tabacksstaude eine Schmarotzerpflanze ein, die ihr die letzten Lebenssäfte entzieht. Die Staude trauert, welkt, und vergeht.

Es fehlte zwar der Pfalz, Dank sey's der Brache und der natürlichen Güte des Bodens! nicht an Getreide; allein dieses hatte nur dann einen gebührenden Werth, wenn es im Auslande fehl schlug, und von da aus gesucht ward. Holland und die Schweiz nahmen der Pfalz gewöhnlich ihren Ueberfluß ab. Erst nach dem siebenjährigen Kriege fing Frankreich an, auswärtiges Getreide zu bedürfen; es verbot das Brantweinbrennen aus Frucht, und litt Mangel an fettem Vieh. Nun öffnete sich auch eine bessere Aussicht für die Pfalz. Mit dem erhöheten Preis der Produkte wuchs ganz natürlich die Industrie der Producenten. Eine gehörige Ablohnung der Arbeit ist im Stande, auch die Steine in Brot zu verwandeln. Nimm den Hebel weg, hemme die Ausfuhr, untersage die Fabrikation aus Getreide und andern Vegetabilien, und bald wird die Industrie zur Indolenz, und die jetzt immer grünen, immer fruchtenden Gefilde werden zu einer müßigen Brache werden!

Möllinger trat auf, griff muthvoll in die Zügel der unbeständigen Glücksgöttin, wußte sie in einem so günstigen Augenblicke zu fesseln, und auch seinen Nachbaren die Mittel zu zeigen, sie anzuhalten. Die Zeiten konnten sich nachher wohl ändern, minder günstige Umstände eintreten; allein der Mensch war einmal aus dem Schlafe erwacht, seine Augen hatten sich einem bessern Lichte geöffnet, seine Erfahrungen hatten sich gemehrt, sein Geist war an Thätigkeit, sein Arm an Arbeit gewöhnt. Er stand auf einer zu hohen Stufe, als daß er sich durch das Dazwischenkommen von einigen trüben Stunden davon hätte verdrängen lassen sollen.

David Möllinger verkaufte eines Tages einen fetten Ochsen an den Fürstlichen Hof von Heidesheim. Dieser ward so gut befunden, daß er den Auftrag erhielt, alle Woche einen ähnlichen zu liefern. Hiezu fehlte es ihm an Vorlage. Aus Furcht, daß die Israeliten ihm mehr als die Hälfte des Bartes wegnehmen würden, wollte David sich nicht ihrer Scheere unterwerfen. Der Fürst kam ihm zu Hülfe, und befahl seinem Säckelmeister, den Lieferanten zu unterstützen und ihm die nöthige Summe vorzuschießen. Möllinger ward nun ein völliger Viehmäster; er mußte also auch auf ein Mittel denken, seinen Futtervorrath zu vermehren. Das Getreide stand zu hoch im Preise, als daß aus seinem Verbrauche zum Brantweinbrennen etwas hätte herauskommen können. Möllinger fing daher an, Versuche mit andern Dingen, mit gelben und weißen Rüben, mit Runkeln und Kartoffeln zu machen, bis er endlich bei diesen letzten stehen blieb.

Allein Brantwein aus Kartoffeln, aus denen heut zu Tage das beliebte Manheimer-, das kräftige Kümmel- und das angenehme Zimmetwasser verfertigt wird, ohne daß der verleckerte Gaum der Städter es argwohnt, würde damals für Ratzengift angesehen worden seyn. Möllinger trieb daher sein Wesen so lange unter dem schützenden Dunkel der Verborgenheit, bis sein Kartoffelbrantwein weit und breit Eingang gefunden und keinen Geburtsschein mehr nöthig hatte. Die Essigfabrik, welche noch jetzt die bedeutendste in diesem ganzen Theile der Pfalz ist, unterstützte die Brantweinbrennerei, indem sie die schlechtern Theile dieser letztern zu benutzen weiß. Daneben wurde das Bierbrauen immer stärker getrieben. Durch die Abfälle dieser Fabrikate fehlte es nun nicht mehr an nassem Futter; aber um so fühlbarer wurde der Abgang an trocknem.

Möllinger besaß einige Wiesen am Rheine; allein das Austreten dieses unruhigen Nachbars schwemmte nicht selten den ganzen Hausvorrath in dem Augenblicke weg, wo man ihn einführen wollte. Ein solcher Unfall vernichtete dann allen Vortheil, den man von der Mastung zu erwarten hatte. Man war gezwungen, alles trockne Futter, was man in einer an Graswuchs armen Gegend finden konnte, aufzukaufen und übertheuer zu bezahlen. Wir machen aus der Noth eine Tugend, und die Alten hätten aus ihr eine Göttin machen können; denn sie ist die Haupterfinderin aller nützlichen Künste, die Mutter aller Industrie. Sie ist der Hauch, ohne welchen das Feuer ewig unter der Asche glimmen, und nie zur schönen, hellen Flamme auflodern würde. Möllinger hatte zwar schon frühe einen Versuch mit Esparsette gemacht, wovon er den Samen aus Schwaben bezogen hatte; allein er schlug fehl. Man kannte die rechte Verfahrungsart nicht, und zum Ueberfluß zerstörte sie der Frost im ersten Winter. Der Eifer erkaltete für einige Zeit, bis ihn ein Zufall von neuem belebte. Möllinger verlor im Jahre 1769 durch das Austreten des Rheins für hundert Louisd'or Heu. Nun ward er des Spiels müde und beschloß, seine Wiesen hinführo so hoch anzulegen, daß nur eine Sündfluth sie mehr erreichen sollte. Er kehrte den alten Lauf der Dinge um, und verordnete, daß die dürren Hügel sich künftig mit Futter, und die Tiefen mit Getreide decken sollten. Was bisher nichts trug, sollte sich in Fruchtbarkeit kleiden und einen Theil seines Ueberflusses an die von Natur mehr begünstigte Ebene abzugeben haben.

Auf einem benachbarten Kalkhügel, der über 2000 Morgen faßte, und wo der Boden keinen Werth hatte, weil man keinen Dung hinauf bringen konnte, und keinen hinauf zu bringen hatte, kaufte Möllinger sich 60 Morgen an, wovon ihm jeder nicht über 5 fl. kostete. Hier setzte er den Pflug an, und besäete die kahle Höhe mit Esparsette. Durch die Schriften des verdienstvollen Pfarrers Meyer war der Gips zur Sprache gekommen. Möllinger verschrieb sich die rohen Steine von Heidelberg, legte eine Roßmühle an, rieb den Stein zu Staub, bestreuete seine Esparsettfelder, und — siehe da! — wie auf einen Zauberschlag grünte der öde Hügel, und lächelte mit sanfter Röthe dem Auge des erstaunten Landmannes entgegen. Und wo wäre ein Auge in allen benachbarten Dörfern geblieben, das sich nicht bekehrt hätte? Monsheim, Florsheim, Kriegsheim, Dalsheim und Melsheim erwachten aus dem Schlafe, und griffen nach dem Heilmittel. Man sehe heut zu Tage den Wohlstand dieser Orte, man höre was sie vor 30 bis 40 Jahren waren, und schließe, wie viel Gutes ein einziger Mensch zu stiften im Stande ist! In einem solchen Dorfe, wo vormals 50 bis 60 Kühe schmachteten, schwelgen jetzt ein paar Hundert im Ueberflusse, und in glücklichen Jahren ist der Futtervorrath so groß, daß der Zentner Esparsettheu, das heißt: das beste

Heu von der Welt, nicht mehr als 24 bis 30 kr. gilt. Man erntet oft 20 ja 25 Zentner Heu von dem ersten Schnitte auf einem Morgen.

Die gewaltige Menge von Flüssigkeit, welche Möllinger durch die Mastung mit Biertrebern und Brantweinwäsche gewann, brachte ihn auf die Pfuhldüngung, die bis dahin in der Pfalz nicht im Gebrauche war. Bald floß allenthalben diese neue Quelle und befruchtete einen Theil des wüsten Arabiens. Die Aecker, die vorher mit Flöhkraut, erigeron canadense, mannshoch überwachsen waren und nur durch Brachen dahin gebracht werden konnten, um etwas elendes Korn zu tragen, krönten sich mit Fruchtbarkeit. Obst- und andere Nutzbäume nahmen die Stelle der Brombeerranken und Schleestauden ein. Mit einem Worte: das ganze Angesicht der Erde veränderte sich.

Aber nicht allein über die vorgenannten Dörfer verbreitete sich der Geist der Verbesserung. Der Strahl des Lichts war zu schimmernd, als daß man ihn nicht in der ganzen Pfalz wahrgenommen hätte. Es sollte eine allgemeine Umwälzung des Feldsystems daraus hervorgehen. Die über jedes andere Jahr zurückkehrende Brache wurde verbannt, der Boden durch den Anbau der Esparsette verbessert, der Viehstand verdreifältigt, die Fruchtbarkeit der Erde erhoben, die Quellen des Genusses vermehrt. Und dieses alles verdankt die Pfalz einem einzigen Manne, einem Mennonisten! Leider ruht schon seit 1787 die Asche dieses Edlen unter dem stillen Hügel! Keine Gruft nahm seine Gebeine auf, kein Grabstein bezeichnet seine Stätte, sein Name selbst wird dermaleinst erlöschen; aber das Gute, das er gethan hat, das Beispiel der Verbesserung und der Nützlichkeit, das er aufgestellt hat, die vergehen, die erlöschen nicht. Und wenn noch jetzt die Thränen der Armen und Nothleidenden, denen er Wohlthäter, Tröster und Vater war, seine Grabstätte netzen: so zolle ihm auch spät jeder Freund des Pfluges und der Menschen den Dank seines Herzens!

Möllinger hinterließ ein sehr ansehnliches, sehr großes Vermögen. Die ganze Masse der Wirthschaft ist noch beisammen, und der Geist des Verstorbenen scheint durch den Druck, den er ihr einmal gegeben, noch immer darin fortzuwirken. Zu ihrem Betriebe gehören zehn bis zwölf Paar Zugochsen, welche jedoch, da sie zur Mastung bestimmt sind, nur halbe Arbeit verrichten; weiter elf bis zwölf Pferde, zwanzig Kühe, ohne die Zuzucht, sechzig Mastochsen im Winter und dreißig im Sommer. Man nimmt auch wohl noch einige Ochsen zum Mästen in die Kost, für welche wöchentlich zwei Gulden bezahlt werden. Man kann den Viehstand im Durchschnitt des ganzen Jahrs folgendermaßen annehmen:

20 Kühe,
20 Rinder,
45 Mastochsen,
11 Pferde.

Es würden also 96 Stück, ohne die Schweine, täglich auf dem Stalle zu ernähren seyn. Aus diesem Viehstande geht so viel Dünger hervor, daß neben den Reben, die ganze Ackerfläche in zehn Jahren einmal gedüngt und einmal gepfuhlt wird. Ein Pferd ist das ganze Jahr über mit nichts als Pfuhlausfahren beschäftigt.

Die Wirthschaft hat gewöhnlich:

5	Morgen	in	Weizen,
82	—	—	Rocken,
54	—	—	Spelz,
112	—	—	Gerste,
37	—	—	Hafer,
42	—	—	Brache,
42	—	—	Raps,
50	—	—	Kartoffeln,
8	—	—	Runkeln,
12	—	—	Brachrüben,
33	—	—	Klee,
44	—	—	Luzerne,
76	—	—	Esparsette.

Sie hat also an

Wintergetreide . .	141 Morgen,	
Sommergetreide . .	149 —	
Getreide zusammen		290 Morg.
Reiner Brache . .	42 —	
Raps	42 —	
Zusammen für Raps		84 —
Latus . .		374 Morg.

	Transp.	.	374 Morg.
Wurzelwerk . . .	70 Morgen,		
Futterkräuter . .	153 —		
Zusammen an Futter			223 —
Total			597 Morg.

Nach einem Durchschnitte von zehn Jahren (1798 bis 1807) erntete diese Wirthschaft alljährlich: an

Raps	$214\frac{2}{10}$	Malter,
Rocken	$59\frac{36}{10}$	—
Spelz	$688\frac{6}{10}$	—
Gerste	$835\frac{8}{10}$	—
Hafer	$345\frac{5}{10}$	—
Weizen	19	—

Der Anbau der Luzerne hat in den Niederungen, der des Klees auf gutem Mittelboden Statt. Man findet in solchen Niederungen nach der Breem zu Luzerne, die mehr als ein Menschenalter hat.

Der Anbau der Esparsette hat hauptsächlich auf den Höhen Statt. Man läßt sie hier 4 bis 5 Jahre stehen. Darauf folgt Weizen, aber keine Kartoffeln, weil die, der Esparsette geweihten Felder zu weit abliegen. Auf das Wintergetreide kommt Gerste oder Hafer. Manchmal wird auch nach der Esparsette über Sommer gebaut, oder gebracht; dann nämlich, wenn Raps hinkommen soll. Auf diesen Raps läßt man Spelz, auch wohl Hafer oder Gerste folgen. Die Seifensiederasche thut vortreffliche Wirkung auf jenes Futterkraut.

Im Ganzen ist die Fruchtfolge von Monsheim von der von Pfeddersheim wenig verschieden.

Man giebt den Mastochsen so viel Branntweinswäsche als sie saufen wollen. Gewöhnlich nimmt ein solcher dickleibiger Herr zwei Hektoliter täglich davon zu sich, und frißt 30 Pfund Esparsettheu. Man nimmt im Durchschnitte an, daß alljährlich hundert Stück in der Möllingerschen Wirthschaft fett gemacht werden. Aus dem kleinen Bezirke zwischen Worms, Bechtheim, Kirchheim, Bolanden, Gölheim und Grünstadt wurden vor der Revolution wöchentlich 120 fette Ochsen nach dem Innern von Frankreich getrieben. Man rechnete, daß ein solcher Ochse auf seiner Reise nach Paris 100, und ein weißer Ochse 150 Pfund am Gewichte verlor.

Wir kehren nunmehr von neuem nach

Pfeddersheim

zurück, um uns allda auch in den Wirthschaften der gewöhnlichen Landwirthe umzusehen, welches dann zeigen wird, ob, und in wie weit sie in ihrem Verfahren von dem schon beschriebenen des Hrn. M. abweichen.

Die größten Landwirthe bauen 160 bis 200 Morgen; die mittlern 80 bis 90. Diese letzten halten

Pferde und 16 Stück Rindvieh, groß und klein.

Die Fruchtfolge ist:

1. Brache mit 30 einspännigen Fudern Dünger befahren.
2. Rocken, auch etwas Raps;
3. Spelz;
4. Weizen;
5. Kartoffeln;
6. Gerste;
7. 8. 9. Esparsette:
10. Spelz;
11. Gerste oder Hafer.

In wie weit der Anfang dieses Fruchtwechsels einer Empfehlung verdiene, lasse ich dahin gestellt seyn. Er scheint zum Prinzip zu haben, dem Lande nach der Düngung so viel Getreide abzunöthigen, als er tragen will. Wie sich die Kartoffeln dabei befinden, weiß ich nicht. Vielleicht, daß man dazu pfuhlt.

Dieser Fruchtwechsel gilt nicht unbedingt für alle Felder. Man pflanzet auf den nahegelegenen mehr Wurzelwerk, auf den entfernten mehr Futterkräuter; besonders solche, die zum Heumachen bestimmt sind. Weit entfernte Aecker sind bei manchen schon seit Menschengedenken nicht gedüngt worden, und behalten noch den alten Fruchtwechsel, 1. Brache, 2. Spelz oder Rocken: Der Ertrag dabei ist 95 Garben von einem Morgen von 130 Ruthen, welche 14 Malter Spelz geben können. Ist es Rocken, so darf man nicht mehr als auf

7 Malter zählen. Zu Niederflorsheim wohnt ein Mann, der seine Felder ein Jahr über das andere brach liegen, und sie dann zu Rocken oder Spelz umgraben läßt. Er verkauft das Stroh, hält kein Zugvieh, und braucht keinen Dünger. Der Morgen zu spaten, kostet ihn 5 fl. rheinisch.

Auch die größeren Landwirthe zu Pfeddersheim haben alljährlich 10 bis 12 Morgen reine Brache, indem sie dadurch eine stärkere und strohreichere Rockenernte erhalten. Dieses Verfahren ist eben so lobenswerth, als das vor 30 bis 40 Jahren, wo man die halbe Flur brach liegen ließ, jetzt tadelnswerth seyn würde, wie solches zur Schande unserer Tage noch in einem mir bekannten fruchtbaren Lande geschieht, dessen ich in meiner Beschreibung der Belgischen Landwirthschaft gedacht habe. — Der Mensch neigt gewöhnlich zu Extremen. Zuerst hatte man zuviel Brache, und jetzt will mancher Schriftsteller, besonders unter den Franzosen, von keiner mehr wissen, und hält den für den besten Landwirth, der seinen Acker am meisten schindet.

Die hiesigen Landwirthe bauen etwas, wiewohl nicht viel Runkelrüben, indem sie überzeugt sind, daß sie den Boden stark angreifen, und übrigens nur ein schlechtes Milchfutter sind. Werden die Kühe auch nur einen Tag damit unterhalten, so nimmt die Milch schon ab, und so wie man jene durch weiße Rüben ersetzt, so nimmt die Milch wieder zu. Doch bleiben die Runkeln immer ein gutes Mastfutter. Dagegen pflanzt man der Branteweinbrennereien wegen um so mehr Kartoffeln. Gewöhnlich ist der neunte oder zehnte Theil des Ganzen damit bestellt.

Die Luzerne kommt nirgends besser als unter der Hirse. Sie erreicht darunter schon in demselben Jahre eine ansehnliche Höhe, und bietet im folgenden eine ganz befriedigende Ernte dar. Es giebt daher Leute, die bloß der Luzerne zu Gefallen Hirse säen. Klee, Luzerne und Esparsette werden auch nicht selten unter Brachrüben gesäet, und man will sich wohl dabei befinden.

Die Esparsette wird mit etwas Klee, und manchmal noch dabei mit Luzerne ausgesäet. Da diese schneller als die erste die Vollständigkeit ihres Mähwuchses erreicht; so halte ich mit Hrn. M. ihre Mischung für zweckwidrig. Der Klee aber ist ganz passend zur Esparsette, und ihre Vereinigung wird allgemein beobachtet.

Man säet die Rüben selten allein, sondern gewöhnlich einige Kichern, cicer arietinum, und Taubenkropf, sapponaria vaccaria damit aus. Diese Pflanzen werden vor den Rüben ausgezogen und verfüttert. Es zeigt aber auch an, daß solche Rüben nicht behackt werden. Der Taubenkropf wird auch wol unter das Etzfutter gesäet.

Es finden sich hier Felder, die alle Jahre ohne Ausnahme mit Hanf bestellt werden. Desgleichen geschieht auch mit dem Rapse; doch nur für den häuslichen Bedarf.

Bei dem hiesigen Fruchtwechsel, dem starken Esparsettenbaue, der Güte des Bodens und den Branteweinbrennereien würde die Wirthschaft im Fette schwimmen, wenn sie keinen Dung an die Weingärten abzugeben hätte; allein, diese erfodern alle vier Jahre 72 Fuder Dünger pro Morgen.

Der Pacht eines Morgens Ackerland zu Pfeddersheim steht zwischen 8 und 9 fl.

Jeder nur etwas bedeutende Landwirth hat seine Brennerei, sein Dampffaß zum Kartoffelkochen, seinen Behälter für die Branteweinwäsche, seinen ausgemauerten Mistplatz, seinen Pfuhlbrunnen und sein Pfuhlfaß; und in welchem Lande man solche Schwalben findet, da läßt sich schließen, daß der Sommer nicht ferne sey. Ich fand bei den Brennereien einiger Landwirthe eine Vorrichtung, die ich sonst noch nicht gesehen habe. Man giebt nämlich die zur Blase fertige Maische in einen besonders dazu eingerichteten Küben, der hart neben der Blase an und so hoch aufgestellt ist, daß der Boden desselben dem Halse dieser letzten gleich steht. Der Küben enthält eine Schlange oder vielmehr das Stück einer Schlange, in welche die Röhre des Helms eingelassen wird. Die Dämpfe die im Durchzuge jenes Schlangenstück erheizen, erwärmen die Maische, und zwar so stark, daß man sie zum kochen bringen könnte, welches aber vermieden werden muß. Zu dem Ende richtet man die Länge des Schlangenstückes nach dem Verhältnisse der Größe des Kübens. Es darf höchstens nur einmal in demselben herumlaufen, und oft nur die zwei Drittel seiner Runde einnehmen. Von da zieht sich dann der Dampf in die gewöhnliche Schlange des Kühlfasses. Der Küben wird mit einem guten Strohdeckel geschlossen. Am Boden befindet sich eine Oeffnung, die mit einem Zapfen geschlossen ist. Zieht man diesen aus seiner Pfeife, so fließt die Maische in die Blase. Das vorläufige Erwärmen der Maische hat den doppelten Vortheil, daß sie in der Blase augenblicklich ins Kochen kömmt, wodurch sowohl an Feuerung als an Zeit so viel erspart wird, und daß die Blase ohne Gefahr des Ueberschießens bis zu dem Halse angefüllt werden kann.

O s t s t e i n.

Ich bin nicht in Oststein gewesen; hatte aber das Vergnügen, den Hrn. Christian Käge, einen gefälligen und erfahrnen Landwirth, bei Hrn. M. zu treffen, und von ihm folgende Aufschlüsse über seine Wirthschaft zu erhalten. Oststein liegt in dem schönen, fruchtbaren Salzthale, eine kleine Meile von Pfeddersheim.

Die Wirthschaft des Hrn. Käge besteht aus 100 Morgen Ackerland, (der Morgen zu 110 Ruthen) und 5 Morgen Reben. Sie ist mit einer Brennerei verbunden, hat aber keinen Wiesenwachs.

Sie hält zwei Pferde und zwei Ochsen; diese letztern jedoch nur für die Zeit der stärksten Arbeit, sechs Kühe, acht bis neun Rinder und Kälber, und sechs bis acht Mastochsen. Es wird meistens nur mit einem Pferde gepflügt. Die Tagesarbeit dabei sind anderthalb Morgen, oder zwei Morgen, wenn vom Saatunterpflügen die Rede ist. Außer Rüben und Klee wird aller Samen untergepflügt, selbst der des Rapses; doch geschieht es bei dem letztern mit so schmalen und seichten Furchen, als sie nur zu machen sind.

Hr. Käge hat alljährlich ungefähr an reiner

Brache	6	Morgen
Raps	6	—
Kartoffeln . . .	10	—
Gerste	15	—
Hafer	6	—
Spelz	10	—
Rocken	10	—
Esper und Klee .	25	—

Das Uebrige trägt Runkeln, Rüben und Etzfutter. Es hat also überhaupt

$^2/_5$ an Getreide und

$^3/_5$ an Brache und Brachfrüchten.

Seine Fruchtfolge auf gutem Boden ist:

1. Brache, gedüngt;
2. Raps;
3. Rocken, darauf Rüben;
4. Kartoffeln;
5. Gerste;

6. 7. 8. Esparsette mit Klee;
9. Spelz;
10. Gerste;
11. Hafer.

Ist das Feld in gutem Zustande, so kömmt
9. Raps:
10. Spelz;
11. Gerste;
12. Hafer.

Manchmal wird auch die Esparsette schon im achten Jahre gestürzt, und in diesem Jahre werden Rüben eingesäet, nach welche im folgenden Kartoffeln gepflanzt werden. Manchmal folgt auch zweimal hintereinander Rocken nach dem Rapse.

Im Ganzen wird in elf — zwölf Jahren nur einmal gedüngt, und einmal gepfuhlt. Ich darf nicht erinnern, um wie viel dieser Umlauf des Hrn. K., der Fruchtfolge der gewöhnlichen Landwirthe vorgehe. Er trägt ganz sicher alle Kennzeichen eines vernunftmäßigen Systems.

Seit zwanzig Jahren baut hier ein Mann alljährlich auf demselben Felde Rocken, und düngt oder pfuhlt von Zeit zu Zeit dazu, und hat befriedigende Ernten.

Man pflanzt 4 Malter Kartoffeln auf den Morgen und erntet ihrer 40. Sie werden hinter dem Pfluge eingelegt. Nach dem Pflanzen wird gewalzt; wenn sie eben hervorstehen geegget, später einmal behackt und behäufelt.

Auch Hr. K. ist der Meinung, daß die Runkeln den Boden stark angreifen. Man verpflanzt sie größtentheils mit dem Pfluge; behackt sie zwei mal, und zieht bei dem letzten Behacken den Grund ein wenig davon ab.

Der Boden ist hier zu trocken, als daß der Klee ganz gut darauf gedeihen könne. Man säet also nicht viel allein aus, mischt aber jedesmal etwas davon unter die Esparsette und Luzerne. Der Gips thut auf diesen Futterpflanzen die beste Wirkung; dagegen bringt hier die Seifensiederasche keine darauf hervor. Das Esparsettheu übertrifft nach der Meinung des Hrn. K. alles andere Heu bei den Pferden.

Man behackt die Stoppel, aber nicht die Brachrüben. Esparsette unter Rüben gesäet, will zu Ostſtein nicht gedeihen.

D ü r m s t e i n.

Ich machte von Pfeddersheim eine kleine Ausflucht nach Dürmstein, und fand hier den nämlichen Fruchtwechsel wie in den drei zuletzt angeführten Orten. Es heißt: 1. gedüngte Brache, 2. Raps, 3. Rocken, 4. Gerste, 5. 6. 7. Esper, 8. Spelz, 9. Hafer oder Gerste. Mehr als dieser empfiehlt sich folgender Fruchtwechsel: 1. Brache, gedüngt, 2. Rocken, 3. Kartoffeln, 4. Gerste, 5. Esper u. s. w. Endlich hat man auch 1. ungedüngte Brache, 2. Spelz oder Weizen, 3. Hafer, 4. Esper u. s. w. Es zeigt dieses gewiß einen sehr vortrefflichen Boden an; aber auch wie viel reine Brache vermag.

Man findet hier sogar noch einige Leute, die ein Jahr über das andere Brache halten, und wo das Feld seit Menschenaltern keinen Dung erhalten hat. Es sind dieses gewöhnlich kleine Leute, die ihren Dung durchaus zu den Reben nöthig haben. Zwei Morgen Weinberg erheischen eben so vielen Dung als fünf Morgen Ackerland, und geben keinen zurück. Man fängt aber auch überhaupt an, ein wenig stärker auf die Brache zurückzukommen, und zieht eine ungedüngte und wohlbearbeitete Brache der besten Esparsettstoppel vor. Dieses scheint sonderbar. Indessen hat eine von Zeit zu Zeit weder kommende Brache auf gutem Boden ihre großen Vorzüge, deren Abgang auf einem andern Wege nicht immer zu ersetzen ist. Der Weg des Bessern liegt gewöhnlich in der Mitte.

Nach Runkeln läßt man keinen Rocken, wohl aber Weizen oder Spelz folgen. Wenn die Runkeln weggebracht sind, wird geegget, das Getreide gesäet und untergepflügt.

Die Wirthschaft des Herrn Janson enthält 150 Morgen Ackerland und Reben; aber keine Wiesen. Sie hat

50 Morgen Klee, Esparsette und Luzerne;
50 — Getreide;
15 — Brache;

20 Morgen Kartoffeln;
5 — Runkeln;
2 — Rüben;
8 — Weinberge.

Sie unterhält 3 Pferde und 18 Stück Großvieh. Da die Wirthschaft mit einer Brennerei verbunden ist; so würde sie Dung im Ueberflusse haben, wenn sie die Weinberge nicht auch damit versehen müßte. Diese nehmen so viel Dung weg, als 20 Morgen Ackerland.

Man pflügt hier mit zwei Pferden, oder eben so viel Ochsen. Der Arme pflügt mit einer Kuh.

Klein Bockenheim.

Wir verlassen die Gegend von Pfeddersheim und den braven Möllinger, dem gewiß jeder Leser seinen Dank und seine Achtung, so gut wie ich, zollen wird. Wir nähern uns nunmehr dem Donnersberge, der wie ein großes Vorgebirge vor uns liegt. Auf dem Wege von Bockenheim erblicken wir von der Höhe das schöne üppige Thal, das von der Salz genetzt wird. Von allen Seiten ragen die Kirchthürme der Dörfer hervor, und ferne im Hintergrunde, an dem Fuße hoher Gebirge, zeigt sich Grünstadt. Bei einem solchen Anblicke von Fruchtbarkeit, Schönheit und Reichthume, die die Natur mit allmächtiger Fülle über diese glücklichen Fluren ergoß, bemächtigte sich meiner Seele eine, ich weiß nicht welche süße, ehrfurchtsvolle Empfindung, und wenn ich dann dieses Eden mit so vielen Gegenden verglich, die ich anderswo auf meinen Reisen angetroffen habe, wo der Mensch in dem Schweiße seines Angesichts mit der Erde zu ringen, und tausend Hindernisse zu bekämpfen hat, da mögte ich an die Brust schlagen und ausrufen: Es ist hier des Guten zu viel! Man ist es nicht werth!

Ja wohl ist es der Gefühllose nicht werth, der mit geschlossenen Augen genießt; nicht der Undankbare, dessen Herz sich der Liebe nicht öffnet, dem die Befriedigung seines individuellen Daseyns sein Eins und Alles ist; nicht der Träge, wenn irgend in einem Winkel dieses schönen Gartens ein solches Faulthier hausen sollte. Doch Ehre sey dem braven Pfälzer, dem die Natur nicht fruchtlos einen so großen Vorschuß gemacht hat! — Eine beinahe allgemeine Stallfütterung, der starke Luzern- und Esperbau, die Kartoffelnbrennereien, das Mastungswesen, der Gebrauch der Ochsen und Kühe als Gespann geben der Pfälzer Landwirthschaft einen bedeutenden Ausschlag vor der mancher andern Gegend, und selbst vor der des Elsasses.

Der Pfälzer pflügt besser und öfterer als der Elsasser; er hält seine Felder ebener, und läßt keine zweckwidrigen Höhen und Tiefen darauf entstehen. Die Größe seines Viehstandes ist ungleich beträchtlicher; das Volk im Ganzen aufgeklärter.

In der Pfalz spannt man nur äußerst selten drei Pferde an den Pflug. Ich sah es nicht ein einziges Mal. Zu zwei Pferden braucht man keinen Vorreiter, wie ich solches zwischen Straßburg und Schletstadt so oft traf. Die Pfälzer verwerfen mit Recht den starcken Stoppelrübenbau und säen lieber etwas Brachrüben. Sie haben die gute Gewohnheit alle zwölf Jahre ungefähr dem Felde ein Brach- oder Ruhejahr zu gönnen.

Zu Klein Bockenheim sah ich die schöne Besitzung, die jetzt dem Notar Weiß angehört. Ich fand bei ihm einen wie einen Garten gehaltenen Weinberg, und den Anfang zu einer schönen Branteweinbrennerei. Sümpfe und Tiefen, die er ausfüllen oder trocken legen ließ, sind jetzt schwelgerisch fruchtbare Felder. In einer solchen Tiefe pflanzte er einen kleinen dichten Hain von Akazien, der aber nicht dem Vergnügen, sondern dem Nutzen geheiliget seyn, und Pfähle zu den Reben hergeben soll. Der Wuchs dieser jungen Bäume ist unglaublich. Dicht daran hat er eine Korbweidenpflanzung, die ebenfalls zum Dienste der Reben bestimmt ist; und gewiß wird ihm keines seiner Felder so vielen Vortheil abwerfen, als diese Weidenpflanzung.

Kendenheim.

Hier wohnen einige brave Mennonisten, unter welchen ich dem Hrn. Detweiler folgenden Unterricht zu verdanken habe.

Er bauet 200 Morgen zu 130 Ruthen, und hält darauf 4 Pferde und 10 bis 14 Stück Großvieh. Die Mittelbauern haben 40 bis 50 Morgen, 2 Zugochsen, 5 Kühe und einige Zuzucht.

Die Fruchtfolge ist:

1. Brache. Soll Raps folgen, so wird mit funfzehn dreispännigen Fudern gedüngt; zu Rocken sind zwölfe zureichend.
2. Raps;
3. Rocken;
4. Kartoffeln;
5. Gerste;
6. Hafer;
7. 8. 9. Esparsette;

10. Spelz — oder 10. Kartoffeln;
11. Kartoffeln, 11. Gerste;
12. Gerste, 12. Hafer;
13. Brache, ungedüngt;
14. Spelz.

Der Leser wird mit mir die richtige Einschaltung der Kartoffeln zwischen dem Winter- und Sommergetreide im 4ten und 11ten Jahre bemerkt haben. Ein Dreifelderwirth würde hier geradezu alles verderben; indem er seinem Systeme gemäß die Gerste dem Rocken und Spelz unmittelbar nachgeschickt hätte, wobei er seinen Boden gewiß nicht so lange ohne Dung würde benutzen können. Zwölf Ernten in vierzehn Jahren bei einmaligem Düngen und einmaligem Pfuhlen ist keine geringe Oeconomie. Sie beweiset oft mehr für die Güte einer Fruchtfolge, als der Reichthum der darin vorkommenden Gegenstände, der mit Dünger erkauft wird. Habe ich weniger Dung nöthig, so ist meine Auslage auch geringer; denn es sey Ankauf, es sey Selbsterzeugung: so kostet der Mist, und in dem letzten Falle mehr, als man gemeinlich zu glauben pflegt. Ginge auch aus dem Viehhalten unmittelbar kein Schaden hervor, so bleibt es doch sicher, daß die Verwendung des Ackers zu andern, nicht bloß Fleisch und Milch erzeugenden Gegenständen höher lohnen würde. Und dieses lucrum cessans kann durch nichts als den Mist ausgeglichen werden; und so geschieht es, daß dieser auch in dem Falle noch theuer zu stehen kommen kann.

Auf nahe gelegenen Aeckern hat man

1. bis 6. Luzerne;
7. Raps, gepfuhlt;
8. Rocken;
9. Kartoffeln;
10. Rocken;
11. Spelz, gedüngt;
12. Kartoffeln;
13. Rocken.

Darauf wird wieder mit Luzerne angefangen.

Man nimmt ein Mainzer Malter Esparsettsamen auf den Morgen, und säet zwei bis drittehalb Pfund Kleesamen mit aus.

Der Pfuhl thut auf dem Rapse die ausgezeichnetsten Dienste. Man fährt ihn im Winter oder auch im Frühjahre auf, ohne sich um den Schaden zu bekümmern, den die Räder unter den Pflanzen anrichten. Die Wirkung des Pfuhls ersetzt alles. Da der Pfuhl nur auf kurze Zeit gut thut, so wird er bloß auf die nahen, nicht auf die entfernten Aecker gebracht.

Man hat hier für die Runkeln nicht viel Achtung; auch werden ihrer nur wenig gepflanzt. Mehr als einmal blatten, schadet ihrem Ertrage.

Leute die keine Branteweinbrennerei haben, treiben die Mastung mit rohen Kartoffeln und Esparsettheu. Das Heu wird geschnitten, die Kartoffeln werden gestoßen. Dieses soll ein herrliches Mastfutter seyn. Nur wird dabei beobachtet, daß die Kartoffeln sogleich nach dem Stoßen verfüttert werden, und nicht lange liegen bleiben dürfen. Das Kaff von dem Getreide kann dabei das Esparsettheu nicht ersetzen, und geschieht es, so bekömmt das Vieh leicht den Durchfall davon.

Man drischt hier für das sechzehnte, und in großen Wirthschaften für das achtzehnte Korn.

Von Kendenheim nach Gölheim ging der Weg stets über eine Anhöhe. Ich fand in dieser Richtung nicht allenthalben jene gute Pfälzische Cultur, die mir bisher Auge und Herz gelabt hatte; aber auch die Früchte entsprachen der Arbeit; denn die Natur bescheert es den Menschen nicht allemal im Schlafe. Doch vielleicht, und wie es mir schien, sind diese Felder allzuweit von den Dörfern entlegen.

Gölheim.

Wir befinden uns nun in der Nähe des Donnersbergs. Große Catastrophen, wozu die Erschütterungen und Ergießungen dieses ehemaligen Vulkans Gelegenheit gegeben, haben auch eine große Verschiedenheit der Erdarten in seinen Umgebungen hervorgebracht. So ist der Boden von Gölheim bald Sand, bald schwerer, bald leichter Lehm; bald sind es kalkichte Hügel, bald Niederungen, die eine rothe bröckliche Erdart enthalten. Diese Erdart ist schlecht vereint, und hält doch fest zusammen. Sie bekömmt Risse während der Trockenheit. Jene Niederungen sind zwar sehr zum Graswuchse tauglich; da sie aber auch äußerst gut zur Luzerne geeignet sind, so hält man sie größtentheils unter dem Pfluge.

Als ich, meiner Gewohnheit nach, die Straßen in Gölheim durchkreuzte, mich nach den Ställen, Scheunen, Bauten und Werkzeugen umsah, ausmaß, fragte und notirte, trat ein Mann aus seinem Hofe zu mir, und fragte mich: ob ich nicht der Liebhaber wäre, der so alles über den Ackerbau ausforschte und aufschriebe.? Da ich ihm sagte, daß ich es selbst glaube, so lud mich Fleischmann, das ist sein Name, ein, auch ein wenig zu ihm zu kommen. „Ich bin zwar nur ein kleiner Bauer, sprach er, und pflüge mit Kühen; aber ein eben so großer Freund von Ackerbau, als wenn ich mit sechs Pferden führe, und liebe alle die, welche den Pflug in Ehren halten. Sie müssen also auch meinen Pflug sehen.“ Nun wurde mir alles gezeigt, das Schaar von einem Pfluge abgeschlagen, damit ich mit mehr Genauigkeit abmessen konnte. Mitunter machte mich der gute Alte auf mehrere Dinge aufmerksam, die ich sonst übersehen hätte. Der Mann hält vier Kühe zur Benutzung und Arbeit, hat keine Branteweinbrennerei, und doch einen Pfuhlbehälter. „Da,“ sagte er, „steckt die Arznei für meine kranken Felder drin.“ Er braucht den Pfuhl hauptsächlich zu Runkeln und Raps; aber auch zu schlechtem Wintergetreide. „Wenn schon auf den Getreidefeldern vieles verfahren wird, sagte er, so verschlägt das nichts. Der Pfuhl heilt alle Wunden.“ Ich bat den Maun auf den Abend zu mir. Was wir zusammen verhandelten, wird der Leser hier finden.

Obgleich die Gemeinde von Gölheim einen

schönen Weidegang hat, so ist man daselbst doch von den Vorzügen der Stallfütterung überzeugt, daß man das Vieh lieber mühsam zu Hause futtert, als sorglos auf der Weide herumirren läßt. Daher unterhält die Gemeinde zur Benutzung ihrer Weide eine eigene Schafheerde. Auch treibt sie eine ansehnliche Schweinezucht.

Man pflügt durchgehends mit Ochsen, und die kleinen Leute mit Kühen. Ein Paar Ochsen können 60 Morgen, und ein Paar Kühe 24 Morgen bestreiten. Doch kann man mit diesen nicht wohl mehr als 16 Morgen ohne Nachtheil der Milch bauen. Der Morgen hat 140 Ruthen. Man spannt nicht mehr als zwei Kühe vor den Pflug; es sey denn, daß man einen Luzerneacker stürzt, oder die Brache zum erstenmale bricht, alsdann werden vier Kühe erfodert. Auf einem sehr scholligen spröden Acker taugen weder Kühe noch Ochsen an die Egge, sie verderben die Füße.

Ein Mann, der 10 Morgen bauet, hält darauf zwei Kühe als Nutz- und Arbeitsvieh, ein Rind und ein Kalb. Er hat

1½ Morgen in Runkeln;
1 — in Spelz;
1 — in Rocken;
2 — in Gerste;
½ — in Hafer;
1 — in Kartoffeln:
¼ — in Hanf;
1½ — in Klee;

1 Morgen in Brache. Er hat dabei
2 — Wiesen.

Er fährt mit zwei Kühen ganz leicht hundert Garben Spelz, die Garben in doppelte Rockenstrohlängen gebunden, nach Hause, und bedient sich dazu eines leichten vierräderigen Wagens. Es würde mir unglaublich scheinen, wenn ich nicht selbst einige solcher Massen mit Kühen hätte einführen sehen. Der größte Landwirth in Gölheim hat 4 Pferde und 22 Stück großes und kleines Rindvieh.

Die Fruchtfolge auf gutem körnigen Boden ist:

1. Brache, gedüngt;
2. Spelz — Rocken — oder Raps;
3. Gerste;
4. Klee;
5. Spelz;
6. Wicken;
7. Gerste;
8. Hafer;

oder:

4. 5. 6. 7. 8. Luzerne;

9. Spelz, oder besser,	9. Kartoffeln;
10. Gerste;	10. Spelz;
11. Hafer;	11. Gerste;
	12. Hafer.

Man gipst im Frühjahre, und zwar nur einmal. Die Luzerne giebt im Durchschnitte 35 Zentner Heu vom Morgen, und ist sie sehr gut, 50 Zentner.

Fruchtfolge auf Lehmboden:

1. Brache, gedüngt;
2. Rocken oder Raps;
3. Kartoffeln;
4. Gerste;
5. 6. 7. Esper mit Klee;
8. Spelz;

9. Gerste, oder	9. Brachrüben;
10. Hafer;	10. Gerste;
	11. Hafer.

Es scheint beinahe in der ganzen Pfalz hergebracht, daß der Umlauf mit Hafer nach der Gerste beschlossen wird. Manchmal kömmt im siebenten oder achten Jahre Raps; dann wird die Esparsette nach dem ersten Schnitte im sechsten oder siebenten Jahre ganz flach umgepflügt, darauf etwas tiefer, und zum dritten Male bei der Einsaat. Der Samen wird eingeegget, und darauf gewalzt. Hafer und Raps ausgenommen, wird aller andere Samen untergepflügt. Auch egget man den Spelz unter, der auf Klee folgt. Die Kleestoppel wird zu dem Ende nicht tief umgefahren, der Spelz auf die Narbe gesäet, und diese scharf mit einer schweren eisernen Egge zerrissen, und der Spelz damit gemengt.

Die Runkeln werden zu Gölheim verpflanzt. Man hält sie für ein fleischgebendes und gutes Futter bei der Arbeit; zum Milchgeben aber werden die Rüben vorgezogen.

Zu Driesen bei Gölheim wird der Hanf über

den Dünger, kurzen versteht sich, hergesäet, und flach damit untergepflügt. Man hat dasselbe auch zu Gölheim versucht und sich wohl dabei befunden. Ein Mann pflanzte hier seit funfzehn Jahren ununterbrochen Hanf auf demselben Felde. Dazu pflügte er einmal tief vor Winter; im Frühjahre düngte er und pflügte dreimal, das Unterpflügen des Samens mit einbegriffen.

Zu dem Rapse wird unmittelbar vor dem Säen gepflügt, der Samen über das gepfuhlte Land geworfen und untergepflügt. Der größte Theil des Pfuhls wird auf Spelz und Rocken gebracht. Zu den Rüben wird das Land zweimal gepflügt, und der Samen mit dem dritten Pflügen untergebracht. Es soll nicht schaden, wenn gleich vier Zoll tief untergepflügt wird. Darauf wird nicht geegget. Die Zeit der Aussaat ist um Kilian. Weder Raps noch Rüben werden hier behackt.

Zu Gölheim fand ich nun wieder den Wendepflug eingeführt, und zwar, wenn die bloße Ansicht nicht trügt, den besten den ich noch in irgend einer Gegend gesehen habe. Wenn man die Stärke und wirkliche Schwere dieses Pfluges in Betracht nimmt, und ihn dann mit zwei Kühen bespannt sieht, so muß dieses ein günstiges Vorurtheil für ein Werkzeug erregen, das Stärke und Leichtigkeit in einem hohen Grade vereint. Ob ich gleich die Beschreibung der meisten Pflüge für sehr unnütz halte, indem sich selbe doch nicht nach

Zeichnungen gehörig abfertigen lassen; so glaube ich doch den Gölheimer Pflug beschreiben und abzeichnen zu müssen, indem er seiner geraden Richtungen wegen ohne Mühe darnach angefertiget, und durch einige Versuche berichtiget werden kann. Der größte Vortheil dieses Pfluges scheint mir in seinem Haupte, oder vielmehr in der Sohle des Pflughauptes zu liegen. Man hat vielmehr bei den meisten Pflügen nicht genug bedacht, daß das Reiben auf dem Boden mit der Breite der Sohle in der engsten Verbindung stehe, und vielmehr ist die breite Sohle an dem Brabantischen Pfluge der einzige Fehler, den er hat. Ich stelle mir einen Laufer vor, der die Füße mit einem schmalen stählernen Stabe unterfangen über das Eis mit Pfeilesschnelle dahin gleitet, weil sich keine Reibung dem blanken schmalen Stahle widersetzt. Eben so, denke ich, muß dann auch wohl ein Pflug, der auf einer schmalen gerundeten und mit einer glatten eisernen Bande versehenen Sohle ruhet, auch weniger Widerstand darbieten, als ein anderer, der eine breite Sohle hat. Und in jenem Falle ist der Gölheimer Pflug.

Ich glaube diesen Pflug auf der Tafel so deutlich abgezeichnet zu haben, daß er beinahe keiner Erläuterung bedarf. Er ruht auf einem Vordergestelle mit Rädern, das hier nicht angegeben ist. Fig. 1. a. zeigt die Zapfen an, hinter welche der Bügel der Kette, die den Pflug mit dem Vordergestelle verbindet, eingehangen wird.

Zu Seite 202

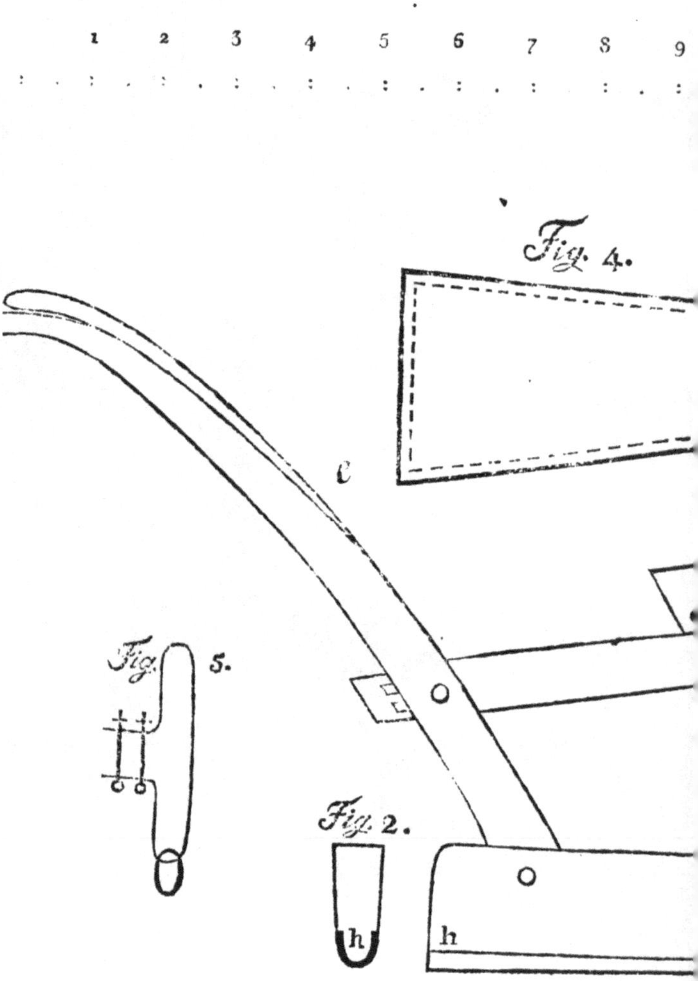

13 14 15 16 17 18 19 20 deci-mètres.

Fig. 7.

Fig. 3.

Fig. 6.

Statt der Zapfen können auch Löcher seyn, in welche man dann einen eisernen Nagel steckt. b. ist ein Stock, vermittelst welchem man das Pflugmesser rechts oder links spannen kann, welches bei allen Wendepflügen nothwendig ist. Die Griessäule c. ist ein wenig schmal, und könnte breiter gemacht werden. d. ist ein Stück Eisen, das an der Griessäule angebracht ist, und ihr, bei tiefem Pflügen in dem Grunde ein wenig vorarbeitet. Die e. endigt sich die Stürze nach der Höhe in zwei Arme. Das punktirte f. in dem Pflughaupte bedeutet eine Rinne, durch welche das Schaar auf und ab geschoben wird, und in welche es mit den gekrümmten Blättern des Höftes g. eingreift. hh. ein eisernes Band, welches die Sohle bekleidet, die man auch bei h. in Fig. 2. sehen kann. Diese Fig. 2. zeigt das Pflughaupt von hinten. Fig. 3. ist das Schaar, welches ein klein wenig hohl gebogen und an der Spitze etwas dick von Eisen ist. Fig. 4. das Streichbrett. Es ist flach, hat nichts besonderes, als daß es rundum mit einem eisernen Bande belegt ist. Fig. 5. ein Eisen zum Einhängen des Gespannes, damit man auch mit einem Pferde oder Ochsen pflügen kann. Alle diese sind nach ihrer natürlichen Größe, aber zehnmal verjüngt angegeben. Jeder Centimeter, der auf dem beigefügten Maßstabe gezeichnet ist, bedeutet einen Decimeter, also jeder Decimeter einen Meter. Der Pflug, ohne das Vordergestelle, kömmt auf 15 bis 18 fl. Conventionsmünze. Das

Schaar wiegt 12 bis 13 Pfund. Es hat 14 bis 16 Zoll in der Länge, das Heft nicht mit einbegriffen, und 10 Zoll in der hintern Breite. Man sieht, daß ein solcher Pflug sehr tief eindringen kann. Zum oberflächlichen Pflügen ist er aber Anfangs nicht wohl zu gebrauchen. Man bedient sich dazu eines alten abgeschliffenen.

Die Eggen sind sehr schwer, und bilden ein langes unregelmäßiges Viereck. Sie bestehen aus vier Latten, die mit eben so vielen Riegeln unter sich verbunden sind. Jede Latte ist an dem einen Ende 26, an dem andern 35 Centimeter von einander entfernt. Jede Latte hat 8 eiserne Zähne, wovon jeder 21 Centimeter von dem andern absteht. Die Egge wird nicht der Länge nach, sondern über die Breite eingehangen. Es scheint mir ein schweres Werkzeug für ein Paar Kühe. Auch die Walzen sind hier schwer und kein Kinderspielwerk, wie im Elsaß.

Kirchheim Bolanden.

Der Weg von Gölheim nach Kirchheim zieht sich in einem Bogen um einen Theil des Donnersbergs, wiewohl noch in geraumer Entfernung, herum. Wenn die Gestalt nicht trügt, so glaube ich mich nicht geirrt zu haben, wenn ich dieses Vorgebirge für einen erloschenen Vulkan, und den darauf befindlichen See für den Becher desselben gehalten habe. Mehr mit dem Ackerbau als der Naturlehre beschäftigt, wollte ich mir die Zeit nicht nehmen, den Berg zu ersteigen, ob man gleich bis zu seiner Höhe fahren kann. Es befindet sich ganz oben ein Meierhof, der von einem Mennonisten bewohnt, und von einem Fürsten von Nassau daselbst errichtet worden ist. Mehr als diese Anlage rührte mich das ungeheuchelte Zeugniß der Ehrerbietung, Liebe, Dankbarkeit und Anhänglichkeit, das mir die Einwohner dieser Gegend für ihre ehemalige Regenten gaben. „Nach Kirchheim" (der Residenz der Fürsten) sagte mir der Bauer, der mich fuhr: „nach Kirchheim gingen wir, wenn „wir Geld nöthig hatten, und waren sicher, es „gegen billige Prozente zu finden. Reichte in Zeit „der Noth unser Fruchtvorrath nicht zu, um unsere Familie zu ernähren, oder unsere Felder zu „besäen: so fuhren wir nach Kirchheim, und die „Fürstlichen Vorrathshäuser thaten sich auf, fristeten unser Leben und unterhielten unsern Wohlstand." — Mehr als einer dieser treuen Unterthanen sagte mir: „Wir wollten gern das Vergangene vergessen, und das Gegenwärtige ertragen, wenn wir nur unsern guten Fürsten wieder „unter uns hätten." Als Landwirth dachte ich: daß ein solches Olivenzweiglein wohl einem Haufen Lorbeern werth sey. In der Geschichte zwar prangt dieser unfruchtbare Baum, den so manche Thräne netzet; aber in den Herzen der Menschen schlägt jenes Zweiglein Wurzel, und verbreitet Zufriedenheit auf seiner Stirne.

Man hatte mir für Kirchheim Bolanden den Namen des Hrn. Notar Kurz aufgegeben; das Erste also, was ich that, war, mich nach ihm zu befragen. „Ha! hieß es: der Herr hat auch mit seinen Neuerungen kommen wollen; allein er hat sie aufgegeben und das Wesen nach unserm alten Stile fortgesetzt. Die Säekasten, die Pflüge mit hundert Schaaren, und all der neue Plunder passen nicht für uns und zu unserm Boden.“ An solche Redensarten seit langer Zeit gewöhnt, ließ ich mich nicht irre machen, sondern wurde um so viel neugieriger. Ich fand an Hrn. Kurz einen sehr sanften, denkenden, und für die gute Sache eingenommenen Mann. Er hatte sich wirklich einige Werkzeuge nach Fellenbergischer Art kommen lassen und gebraucht; allein bald machte er die leidige Erfahrung, daß es nicht das Werkzeug allein ist, sondern daß auch Sinn und guter Wille dessen, der es führt, dazu gehören, wenn es gute Arbeit machen und seinem Zwecke entsprechen soll. So lange Hr. Kurz selbst dahinter her war, ging Alles gut, und sobald er den Rücken wendete, Alles verkehrt. Man gebe dem Bauer eine Ofengabel in die Hand, mit der er gewohnt ist umzugehen, und er wird bessere Arbeit machen als mit dem besten Karste, wenn er ihn nicht kennt, und nicht lieb gewonnen hat. Ich selbst ließ einst einige Kärste vom Rheine herkommen, weil man sie bei mir an der Maas nicht kannte. Aber Kartoffeln mit dem Karste ausheben, schien meinen Leuten so widersinnig und mühsam, daß ich sie ohne strengen Befehl nicht dazu bringen konnte. Sie machten aber so wenig und schlechte Arbeit damit, daß ich selbst ihnen rieth, wieder zum Spaten zu greifen, so wenig er auch zu solcher Arbeit geschickt ist. Hr. Kurz konnte und wollte seine übrigen Berufsgeschäfte nicht hinter dem Pfluge versäumen, er ließ also sein neumodisches Ackergeräthe zum Wohlgefallen seiner Nachbaren auf den Speicher bringen und erlaubte seinen Knechten, auf ihrem gewöhnlichen Steckenpferde fort zu reiten. Das Geschütz allein macht im Kriege die Sache nicht aus, vor Allem gehören Leute dazu, die damit umgehen wollen und können. Ein Landwirth muß von langer Hand her seine Leute zuschneiden; er muß sie für Verbesserungen empfänglich machen, er muß ihnen vor und nach den Glauben an das Bessere einflößen, ehe er ihnen den landüblichen Leisten aus den Händen windet.

Die Fruchtfolge für Lehmboden zu Kirchheim ist:

1. Brache, gedüngt;
2. Raps;
3. Rocken;
4. Gerste;
5. 6. 7. Esparsette, mit etwas Klee;
8. Raps; ist aber das Land nicht in gutem Stande, so wird der Raps hier weggelassen;

9. Weizen;
10. Gerste, oder wo man Pfuhl hat, Spelz.

Fruchtfolge auf schwerem Lehmboden.

1. 2. 3. wie oben;
4. Gerste, oder 4. Spelz, gepfuhlt;
5. Klee, — 5. Gerste;
6. Spelz a. — 6. Klee;
7. Spelz.

Darauf fängt der Umlauf wieder mit der gedüngten Brache an. Einige lassen auch nach dem Spelz a. im siebenten Jahre Kartoffeln oder Runkeln ungedüngt folgen. Auf sehr gutem Felde hat man auch wohl 1. 2. 3. wie oben; 4. Rocken, 5. Rocken; also dreimal Rocken hinter einander. Man sieht, daß man hier einen guten Gaul nicht schont.

Hr. Kurz weicht in Etwas von seinen Nachbaren ab und hat:

1. gedüngte Brache;
2. Raps;
3. Rocken;
4. Kartoffeln;
5. Gerste;
6. 7. 8. Esper;
9. Raps;
10. Weizen;
11. Kartoffeln;
12. Hafer.

Es ist dieses eine förmliche, und, wenn sie,

wie ich dafür halte, mit einmal Düngen und einmal Pfuhlen durchgesetzt werden kann, ganz vortreffliche Wechselwirthschaft. Nur, fürchte ich, könnte es an Stroh dabei mangeln, zumal bei dem starken Viehstande, den Hr. Kurz unterhält, und die Brantweinbrennerei, die er damit verknüpft.

Er rechnet, daß funfzehn Stück Großvieh bei ihm täglich die Brantweinwäsche von 3¾ Malter Kartoffeln und ¼ Malter Getreide verzehren, und überdem 75 Pfund Esper- oder Kleeheu und 6 Gebunde Stroh nöthig haben. Man hält hier die Runkeln für die folgende Frucht nachtheilig. Hr. Kurz drillte einst Raps zwischen Runkelrübenreihen ein. Der Raps bezeichnete in dem folgenden Jahre nichts; indessen gerieth der Rocken nach dem Rapse besser als der, der unmittelbar auf Runkeln gefolgt war. Dieses könnte sich zwar daraus erklären lassen, daß das Rapsfeld mehr Zeit darbot, um es zur Rockensaat vorzubereiten; es zeigt aber auch ganz gewiß, wie wenig der Raps den Boden erschöpfe. Es könnte sogar seyn, daß die Zwischenkunft dieser Pflanze zwischen den Cerealien und einer demselben vorhergehenden ungünstigen Pflanze, wie die Runkeln sind, den Nachtheil wieder ausgleiche, den diese in dem Boden hervorgebracht haben. Der Leser beliebe nachzusehen, was ich hierüber bei dem Artikel Merlenheim über den Umlauf Hanf, Raps und Spelz gesagt habe. Nach diesen Erfahrungen zu urtheilen, sollte man bald schließen, daß der

Raps an und für sich selbst eine eigene verbessernde Eigenschaft besitze. Die Runkelrüben scheinen weniger unverträglich mit sich selbst, als mit andern Gegenständen zu seyn. Zu Moersheim haben Mehrere ihre besondern Runkelrübenfelder, auf welchen alle Jahre ohne Ausnahme Runkelrüben vorkommen, wodurch ihrer widrigen Einwirkung auf die folgende Frucht begegnet wird. Sie werden nicht gesteckt, sondern hinter dem Pfluge eingelegt, und alljährlich gepfuhlt.

Man pflügt hier mit zwei Pferden, zwei Ochsen und zwei Kühen.

Kriegsfeld.

Ich verließ nunmehr das schöne theils ebene, theils hügelige Land, das sich von dem Donnersberge an nach dem Rheine erstreckt, und schlug den Weg links ein. Eine mehr rauhe, mehr bergige, weniger fruchtbare, und allenthalben mit Holz besetzte Gegend kontrastirt auffallend mit der, welche ich verlassen hatte. Ich war in einem andern Theile der Welt. Nachdem ich mich einige langweilige Stunden hatte schleppen lassen, erreichte ich Kriegsfeld, ein ziemlich ansehnliches und wohlgebautes Dorf, dessen Geschichte in den Annalen des Ackerbaues aufbewahrt zu werden verdient, und den Widersachern jeder Verbesserung und einer gesetzmäßigen Kultur auf ewig Stillschweigen auferlegen muß.

Ein undankbarer Boden, die gebirgige Lage, die schlechten Wege und die dadurch bewirkte Erschwerung des Verkehrs mit der übrigen Welt, machen diese Gegend wenig günstig für den Ackerbau. Von Wäldern und öden Plätzen vormals umringt, legten sich die ersten Bewohner derselben auf die Urbarmachung dieser Stellen, und Kriegsfeld scheint noch vor hundert Jahren ein ziemlich gutes Dorf gewesen zu seyn; wenigstens lassen dieses mehrere ansehnliche Wirthschaftsgebäude aus jener Zeit schließen. Unglücklicher Weise war das Wesen seiner Bewohner nicht auf die Zukunft berechnet, also nicht auf Vernunft gegründet. Man brach auf, so lange etwas aufzubrechen war, säete und pflanzte, so lange der Boden tragen wollte. Man ließ Getreide auf Getreide folgen, gewann Brot und Geld; aber kein Futter, keinen Dung. Man hielt kein Vieh, und konnte keins halten, weil es von Stroh und Luft allein nicht leben kann. Wiesen waren nicht da, und höchstens einige Weide in den nahen Wäldern.

Das war bisher so gegangen, und man schloß ganz natürlich daraus, daß es auch immer so gehen würde und müsse; denn der Vater hatte es ja seinem Sohne versichert, und anders zu gehen, als jener, ist diesem nicht erlaubt. Allein wenn der Mensch sich dem Schlendrian unterwirft, so weiß die Natur von diesem Zwange nichts. Sie kennt keine andere Unterwerfung, als die ihrer unwandelbaren Gesetze, welche nun einmal einen Kreislauf zwischen dem Vergehen und Entstehen, zwischen Tod und Leben gewollt und festgestellt haben. Keine Schöpfung aus Nichts hat mehr darin Statt; sondern das zerfallene Gebäude des einen muß einen Theil des Stoffes zur Errichtung eines neuen hergeben. Die Natur webt auf diese Art, und wirkt immer fort. Sie ist nie müssig, so lange es ihr nicht an Stoffe zur Arbeit gebricht. Mäßig in ihren Foderungen verlangt sie nicht alles, nur einen Theil von demjenigen zurück, was sie hervorgebracht hat. Sie läßt dem Menschen den Hauptgenuß ihrer Erzeugnisse, und was dieser ihr davon wiedergiebt, das erstattet sie ihm mit überreichlichen Zinsen. Die Erde wird in dem Grade freigebiger, als man freigebig mit ihr verfährt. Da sie mehr giebt als sie empfangen hat, so folgt, daß auch sie sich von anderswoher einen Theil des Stoffes zur Arbeit zu verschaffen weiß. Hat aber der Mensch durch einen anhaltenden Geiz Alles an ihr verdorben; hat er ihr den letzten Tropfen aus ihren Brüsten gesogen: dann freilich erkrankt sie, und es gehört nicht selten ein Jahrhundert dazu, ehe sie durch sich selbst so viel Kraft bekommt, einen neuen Säugling nähren zu können.

Die Unbesonnenheit der ehemaligen Kriegsfelder bietet uns von diesen Wahrheiten ein unverkennbares Beispiel dar. Die Kraft einer tausendjährigen Brache war in ein paar Menschenaltern erschöpft; die Ernten standen von Jahr zu Jahr dünner; das Stroh blieb kleiner; der Rocken war so voller Trespe, daß er auf den Märkten keinen Käufer fand, als nur zur Hälfte des Preises. Die Erde hatte alles hergegeben, was ihr Mutterschooß zu geben vermochte, und der unnatürliche Sohn ließ sie schmachten! Noch stand den Kriegsfeldern eine, wiewohl unlautere Quelle zu ihrer Erhaltung offen. Es war der Wald, oder vielmehr der Frevel, den sie sich erlaubten, darin auszuüben; allein bald lernten die Eigenthümer der Holzungen den Werth derselben mehr schätzen. Die Verbote wurden strenger, die Aufsicht verdoppelt, und nun brach über Kriegsfeld vollends der Stab des Lebens. Der Verfall war so groß, daß mehr als hundert Einwohner, und unter ihnen ein Mann, der in einem ansehnlichen Hause, das man mir noch zeigte, wohnte, und der 200 Morgen Grundeigenthum besaß, vor und nach in der Nacht, oder verstohlner Weise auswanderten und nach Ungarn und Polen zogen. Es kam mit Kriegsfeld so weit, daß der Banquerot dieses Dorfes öffentlich erklärt und jedermann von Regierungs wegen in den öffentlichen Blättern gewarnt wurde, den Einwohnern kein Geld auf die Verschreibung ihres Grundeigenthums vorzuschießen. Ein Umstand, der den Kriegsfeldern noch jetzt die Sticheleien ihrer Nachbaren zuzieht. Es kam zu unaufhörlichen Güterversteigerungen. Man mußte, um einen schlechten Morgen los zu werden, einen guten hinzufügen, und da wurden beide zusammen gewöhnlich für zwei Gulden, oft für ein Maß Wein zugeschlagen, von welchen heut zu Tage ein jeder mit 150 bis 200 Gulden bezahlt werden würde. Der Klee, dieser Wohlthäter der Menschheit, war indessen bekannt geworden. Auch die Kriegsfelder griffen nach diesem großen Rettungsmittel; allein vergebens! Der Boden war so erschöpft, daß er keinen Klee hervorbringen wollte. Bei einem ganz abgezehrten Körper schlägt auch die beste Arzenei nicht an. Endlich ging ein Strahl der Hoffnung über diesem Thale der Leiden auf. Man verfiel auf das Potaschbrennen. Die Gemeinde erhielt dazu ein Privilegium. Man bediente sich der ausgelaugten Asche, und der Klee kam. Der Gips half nach. Die Wolke des Jammers zerriß. Futter, Vieh, Dung und Fruchtbarkeit waren da.

Der Leser glaube nicht, daß ich in dieser Geschichte den geringsten Umstand untergeschoben habe. Sie wurde mir so, wie sie da ist, in Kriegsfeld nicht allein von Hrn. Finkenauer, einem aufgeklärten Landwirthe im Beiseyn von mehrern Einwohnern erzählt; sondern, da er sah, wie sehr sie mich reizte, ließ er einen ehrlichen Alten kommen, der den vorigen Zustand des Dorfes mit angesehen hatte, um mir das schon Gesagte zu wiederholen. „Gott Dank! setzte der Alte hinzu: daß die Zeiten vorüber sind. Unser Dorf stand damals auf dem Kopfe, nunmehr steht es doch wieder auf den Beinen."

Man findet zu Kriegsfeld eine förmliche Dreifelderwirthschaft.

1. reine Brache — Kartoffeln — Erbsen — Wicken;
2. Rocken;
3. Hafer;
4. Klee;
5. Rocken — Spelz — Weizen;
6. Hafer — Gerste.

Eine Wirthschaft von 60 Morgen hat

3	Morgen	Brache;
4	—	Kartoffeln;
3	—	Erbsen;
10	—	Klee;
14	—	Rocken;
4	—	Spelz;
2	—	Weizen;
17	—	Hafer;
3	—	Gerste.

Zu Brache und Kartoffeln wird gedüngt; auch zu Wicken und Erbsen, wenn man Dung hat; sonst wird ausgelaugte Asche genommen. Die Brache wird dreimal gepflügt. Die Rockenstoppel, auf welche Hafer folgen soll, wird vor Winter nicht umgebrochen; soll aber Gerste folgen: so sucht man das Land sogleich nach der Rockenernte zu stürzen. Der Same der Getreidearten wird untergepflügt. Die Kartoffeln werden hinter dem

Pfluge eingelegt, und wenn sie über der Erde sind, geegget. Die Kleestoppel wird zum Weizen nur einmal umgefahren, zum Rocken aber dreimal, und stark veregget.

Die ausgelaugte Asche, von welcher hier ein so starker Gebrauch gemacht wird, äußert ihre beste Wirkung auf kaltem Boden. Man nimmt vier einspännige Fuder Asche auf einen Morgen von 160 Ruthen. Ein Kerl, der auf dem Karrn steht, streut sie mit einer Schaufel aus. Die Asche wirkt noch auf den Klee fort, und geaschter Rocken bringt bessern Klee hervor, als gedüngter Rocken.

Man legt sich hier stark auf die Erzielung des weißen Kleesamens, der unter Hafer ausgesäet wird. Im Jahre 1814 gewann Jemand auf $^3/_4$ Morgen drei Zentner Samen, wovon der Zentner zu 30 fl. verkauft wurde. Man nimmt den Samen von dem ersten Schnitte. Wird dann der Boden sogleich umgebrochen, so giebt das Land eben so guten und noch bessern Rocken, als reine Brache. Der Klee wird gegipst.

Auch Erbsen und Wicken werden gegipst; jedoch muß man mit dem Gipsen bei diesen Gewächsen vorsichtig seyn, weil sie leicht zu stark wachsen. Der Gips bringt zu Kriegsfeld eine so außerordentliche Wirkung hervor, daß nicht allein der Klee, wo kein Gips hinfällt, gelb bleibt, sondern daß auch das darauf folgende Wintergetreide, und sogar das nach diesem folgende Sommergetreide auf einer solchen nicht gegipsten Stelle zurückbleibt. Auch auf trocknen Wiesen ist der Gips von Wirkung; aber nicht auf feuchten.

Man pflügt hier mit Kühen, Ochsen und Pferden; doch sind die Ochsen das gewöhnlichste Gespann. Man baut 36 bis 40 Morgen mit ein paar Ochsen. In einer solchen Wirthschaft hält man außer zwei Zugochsen noch 2 Kühe, 2 junge Stiere, 2 Fersen und 2 Kälber. Man legt sich hier hauptsächlich auf die Zuzucht; obgleich man nur wenig Weidegang hat.

Winterborn.

Wem mehr um gute Wege und Gemächlichkeit, als um Unterricht zu thun ist, dem rathe ich in seinem Leben nicht zu O—heim zu Bette zu gehen, noch eine Reise von Kriegsheim nach Winterborn zu machen. Nur die Wißbegierde, nur der Eifer für das Gute und Nützliche kann uns über Wege und Wetter hinaussetzen, und den Körper bewegen, sich manches gefallen zu lassen, um dem Geiste Nahrung zu verschaffen. Da dieser aber bei so vielen nur da zu seyn scheint, um für die hinfällige Hülle zu sorgen, die ihn umschließt, und die er doch so bald verlassen muß; so mag es denn auch Andere geben, die, das allgemeine Wohl und die Zukunft ins Auge fassend, sich selbst und die Gegenwart vergessen, und muthig zum Wanderstabe greifen, um die Wahrheit aufzusuchen.

Mit Extrapost und in einer Berline läßt sich wohl nach Winterborn nicht fahren. Man kann zufrieden seyn, wenn man es demüthig auf einem Karrn und mit ganzen Gliedern erreicht. Der Anblick eines armseligen Dörfleins, welches ohne Hrn. Prunk keiner Erwähnung verdienen würde, war nicht tröstlich für den Ankommenden. Dazu gesellte sich denn der unangenehme Umstand, daß ich aus einer Gegend herkam, wo die Seuche unter dem Hornviehe herrschte, man also Fuhrmann und Pferd wie den leidigen Aussatz floh. Konnten wir's den Leuten verdenken, daß sie uns verdammten, unser Zelt, und zum größten Unglück hatten wir keins, unter freiem Himmel aufzuschlagen? Doch hatte Hr. Prunk die Gefälligkeit mich aus der Noth zu retten, und für ein Nachtlager zu sorgen. Er mochte es auch wohl thun, da ich um ihn, als einen denkenden, wiewohl nicht lesenden, Landwirth zu sehen, mir's einen ganzen Tag hatte sauer werden lassen.

Dieser nun wohl begüterte Eigenthümer war vormals bloßer Pächter eines der ehemaligen Abtei St. Maximin zu Trier angehörigen, zu Winterborn gelegenen kleinen Guts. Er verdankt den Grund seines Wohlstandes dem Anbau einiger achtzig Morgen öden oder vernachlässigten Landes. „Ich wunderte mich oft in meiner Jugend," sagte er mir: „daß mein Vater diese Strecke nicht ankaufen wollte, ob er sie gleich, den Morgen zu 8 fl. hätte haben können. Da der Mann, der sie besaß, später zum Verfall kam: so steigerte ich das Land zu dem Preise von 15 fl. per Morgen, und es mag jetzt ungefähr zehnmal so viel werth seyn." Dieses kleine Gut, welches ich sah, liegt auf dem Abhange eines nicht gar steilen Berges; stößt oben an die Fläche, unten an einige Wiesen an. Es hatte den Fehler, mehrere unterirdische Quellen zu enthalten, die es zum Theile unbearbeitbar machten. Das Wasser strömte außerdem von den auf der Höhe gelegenen Feldern darauf an, brach sich ein Beet und spühlte den Grund mit sich weg. Das Ableiten dieses Gewässers machte wenig Mühe, indem Prunk nur einen unbedeutenden Graben zog, und das Wasser nach der Seite leitete. Das Quellwasser führte er durch Unterabzüge ab, die er mit Steinen ausfüllte. Alles das geschah mit wenigen Kosten. Er nahm nun ausgelaugte Asche zu Hülfe, säete Rocken, und warf auf Gerathewohl Kleesamen darunter. Wenn, dachte er, ich den Acker nur einmal zum Kleetragen bringe: so habe ich den Prozeß gewonnen. — Und, siehe da, der Klee kam, und zwar mit solcher Ueppigkeit, daß er über einander lagerte. In einem Jahre waren alle Kosten gedeckt, und er besaß das Land unentgeltlich. Seitdem bewirthschaftet er es nach der Fruchtfolge, die ich gleich angeben werde. Ich sah noch den Hafer darauf, und kann ihm das Zeugniß geben, daß ich in der ganzen Gegend keinen schönern gesehen habe.

Die Fruchtfolge Herrn Prunks ist:

1. Brache, gedüngt;
2. Raps;
3. Rocken;
4. Klee;
5. Spelz;
6. Kartoffeln;
7. Hafer.

Die Herren Dreifelderwirthe dürfen diesen Fruchtumlauf keiner Antipathie, noch sonstigen Systemsucht zuschreiben; denn ich kann sie versichern, daß der ehrliche und bescheidene Mann nichts von englischen Systemen und landwirthschaftlichen Schreibereien weiß. Er schöpfte sein System in der Erfahrung und der lieben Natur. Ich muß jedoch jenen Herren noch zum Troste sagen, daß Prunk auch manchmal

5. Gerste;
6. Spelz;
7. Hafer

hat, und sich mit ihnen dadurch aussöhnt. Er sieht nach, was sein Feld mit Vortheil tragen kann, und das läßt er es tragen, ohne zu bedenken, ob er dabei für oder gegen ein System handelt. Das beste System ist das des größten reinen Ertrages, wenn es auf die Dauer berechnet, und nicht etwa eine ephemere Erscheinung für ein paar Jahre ist.

Die angeführte Folge: Klee — Gerste — Spelz — ist sonderbar; auch glaube ich nicht, sie irgendwo angetroffen zu haben. Sie kann auch nur auf einem Boden Statt haben, der sich in einem zu üppigen Wohlstande befindet, um Spelz nach Klee zu tragen. Doch vielleicht irre ich, und es könnte der Gerste die Ueppigkeit eben so übel bekommen! Da übrigens in den sieben Jahren des Umlaufes nur einmal gedüngt wird, so ist diese Ueppigkeit nicht zu vermuthen.

Die Brache wird viermal gepflügt. Man setzt den Pflug so tief an, als er gehen kann. Der Mist wird mit der zweiten Pflugart untergebracht. — Die Rapsstoppeln werden dreimal zum Rocken umgefahren. Der Rocken wird untergeegget. Der Klee wird ausgesäet, wenn das Feld noch mit etwas Schnee bedeckt ist. — Die Kleestoppel wird einfährig, aber tief umgebrochen, die Gerste wird auf diese umgelegte Narbe gesäet und untergeegget. — Die Gerstenstoppel wird für Spelz zweimal umgepflügt; der auf den Spelz folgende Hafer aber wird nur einfährig bestellt. — Aller Getreidesamen wird hier untergeegget. — Das Feld, das Kartoffeln getragen hat, wird nach der Ernte aufgepflügt, um die verlorenen Kartoffeln nachzulesen; dann wird nicht weiter gepflügt, der Hafer im Frühjahre gesäet und untergeegget.

Hr. Prunk hält die Aschdüngung auf schlechtem Sande, der nach einem Regen zusammenfließt, und fest wie trockner Mörtel wird, für äußerst vortheilhaft.

Er legt sich stark auf die Kleesamenerzielung, und hat schon bis 25 Zentner in einem Jahre verkauft; dennoch hält er dafür, daß diese Erzielung den Boden angreife.

Die Luzerne säet er mit Hafer aus, welcher grün abgefüttert wird. Er giebt dieser Methode vor jeder andern den Vorzug. Dieses stimmt mit der Erfahrung des alten Pfarrers Mayer, des Patriarchen aller Praktiker, zusammen. „Ich ließ," sagte er, „einen Acker, der im vorigen Jahre Kartoffeln trug, in den ersten Tagen des Frühlings pflügen, mit Hafer besäen und diesen untereggen. Darauf wurde Kleesamen gestreut, und mit Dornen untergebracht. Als der Hafer einen Fuß hoch war, ließ ich ihn mähen und verfüttern. So that ich noch einmal, und das drittemal; da er wieder wuchs, kam auch der Klee mit ihm zur Blüthe. Der Hafer zeitigte. *) Ich ließ beides abmähen, dörren und heimbringen. So hatte ich Sommer- und Winterfutter zugleich, und die Kühe gaben davon um ein Drittel mehr Milch, als wenn sie bloß mit Klee gefüttert worden wären. Nimmermehr, setzt Mayer hinzu, werde ich künftighin den Klee anders säen, als so!"

*) Dieses Zeitigen des Hafers wird wohl nicht allemal und nicht überall gelingen; es benimmt aber dem übrigen Verfahren nichts von seinem Werthe.

Es ist dieses ganz sicher ein nutzbarer Wink für jemand, der um Futter verlegen ist, und es könnte solches für manchen Anfänger einer Wirthschaft ein Rettungsmittel in den ersten Jahren, wo es gewöhnlich an Futter und gutem Klee fehlt, seyn. Ich erinnere mich, in dem Elsaß von Jemand gehört zu haben, der eben jene Methode auf demselben Felde schon seit einer Reihe von Jahren ununterbrochen fortsetzt; also

1. Kartoffeln;
2. grünen Hafer mit Klee;
3. Klee

hat, dann wieder zu den Kartoffeln zurückkehrt, und sich so wohl dabei befindet, daß er nicht glaubt seinen Acker höher benutzen zu können.

Wonsheim.

Ich war hier nun wieder in der schönen fruchtbaren Pfalz, und wenig Gegenden haben noch für mich den Reiz gehabt, den die landwirthschaftlich schöne Lage dieses Dorfes hatte. Dem Pfluge wahrscheinlich auf immer entrissen, fiel mir bei seinem Anblicke der heiße Wunsch: o rus, quando ego te aspiciam? ziemlich schwer auf's Herz.

So schön gepflügte Felder habe ich noch nicht

gesehen, wie hier. *) Ich glaubte, die Egge habe sie vollendet; allein es war der Pflug, der so schmale Furchen zog. Dieser Pflug ist der nämliche, den ich bei dem Artikel Gölheim beschrieben habe; nur weicht er in der Gestalt des Schaars durchaus davon ab. Ich habe das Wonsheimer Schaar auf der Tafel Fig. 6. abgebildet. Er ist nur wenig gewölbt und beinahe flach. Zum Unterpflügen der Saat, zum Stürzen der Klee-, Luzern- und Esparsettäcker, so wie bei allem, was Widerstand darbietet, soll das Schaar vortrefflich seyn. Ist aber die Luzerne einmal gestürzt; oder steckt strohiger Mist im Boden: so ist es nicht gut zu gebrauchen, indem es, seiner abgerundeten und nicht spitz zulaufenden Schneide wegen, das lange Zeug in der Erde vor sich hinschleift. Zu dem Ende haben die etwas größern Landwirthe noch ein zweites spitzeres Schaar, welches sie bei Gelegenheit aufschieben. Auf diese Weise ist dieser schöne Pflug zu jeder Arbeit zu gebrauchen, und ich halte ihn für das Muster eines guten Wendepflugs.

Auf meine Erkundigung nach einem braven Landwirthe wurde mir Jakob Stillwagen angegeben. Ein Mann in seinen besten Jahren, mit einem hei-

*) Der Leser denkt wohl, daß ich die Belgischen schmalen Ackerbeete davon ausnehme; aber wo pflügt man auch wie in den Niederlanden, und wo hat man einen solchen Pflug?

tern, offenen Gesichte, der sein Handwerk kennt und ihm Ehre macht. Ich traf ihn auf der Straße sitzend; es war Sonntag; ich setzte mich zu ihm, und bald sammelte sich ein Haufen anderer Landleute um uns her. Ich stelle mir vor, daß sonst die Alten sich so an den Thoren der Städte versammelten, und öffentlich von ihren Angelegenheiten sprachen. Zu meiner Freude sah ich keinen der Zuhörer, der nicht Antheil an meinen Fragen nahm, und die Antworten des wackern Stillwagens durch seinen Beifall bekräftigte. Ich konnte also diesmal mit voller Zuversicht protokolliren.

Die Fruchtfolge von Wonsheim ist:

1. Brache, gedüngt;
2. Rocken;
3. Brache;
4. Weizen;
5. Brache;
6. Weizen;
7. Wicken oder Erbsen, gegipst;
8. Gerste oder Hafer;
9. 10. 11. Esparsette;
12. Weizen;
13. Kartoffeln;
14. Gerste.

Nach diesem wird gewöhnlich gedüngt und wieder von vorn angefangen. Ist man aber nicht mit Dung versehen: so nimmt man

15. 16. 17. Esparsette;

18. Weizen;

und darauf kann man noch ohne Dünger mit Brache und Getreide abwechseln.

Das Einschieben der Hülsenfrüchte zwischen Winter- und Sommergetreide ist sehr merkwürdig, und beweist: wie sehr die Landwirthe von Wonsheim von dem Nachtheile überzeugt sind, bei ihrem Umlaufe zwei Getreideernten hintereinander anzubringen. Ganz sicher lehrte sie die Erfahrung, daß wenn sie im siebenten Jahre nach dem Düngen Gerste gebracht hätten, solche nur einen erschöpften Boden gefunden haben würde. Sie nahmen daher zu den Hülsenfrüchten ihre Zuflucht, und obgleich diese bei ihnen nicht gedüngt werden: so reicht doch ihr bloßes Daseyn schon zu, um die Kraft des Bodens wieder in etwas zu heben, oder doch die nachtheiligen Folgen der vorhergehenden Cerealien auf die folgende zu vernichten. Es liegt hierin so etwas, das kein unparteiisches Gemüth verkennen wird.

So sehr aber jener Umlauf von seinem fünften bis zum achtzehnten Jahre meine Leser befriedigen muß; so auffallend werden dem größten Theile unter ihnen die vier ersten Jahre scheinen. Werden sie nicht fürchten, daß man zu Wonsheim zu dem Umfuge jenes barbarischen Zeitalters, wo das Feld nur ein Jahr über das andere gebaut wird, zurückgekehrt sey? Allein, außer daß es unbillig ist, eine Sache nur stückweise und nicht in ihrem ganzen Umfange zu beurtheilen: so kommt es bei dem Ackerbau nicht sowohl auf die Gesammtmasse der Produkte, als auf den reinen Vortheil an, den ihre Erzielung dem Produzenten gewährt, und vielleicht ist dieser Umstand nirgends so wohl verstanden und so hoch getrieben, als in der Pfalz.

Wenn es wahr ist, daß der Viehstand bei einer reinen Ackerwirthschaft keinen unmittelbaren Vortheil gewähre, wie ich mich dessen durch so viele Beispiele überzeugt habe, ohne daß mir ein einziges das Gegentheil bewiesen hätte: so gewährt auch nothwendig alles, was wir zu Gunsten des Viehes auf dem Felde erzielen, keinen reinen Vortheil. Wir erzielen Futtergewächse, um Vieh halten zu können, und halten Vieh, um das Futter aufzehren zu lassen, und thun beides, um Dung zu gewinnen. Der Dung bleibt also der Hauptzweck, auf den sich, zumal bei einer strengen Zweifelderwirthschaft, das ganze System gründet. Es ist dieses also im Grunde nur ein fehlerhafter Kreislauf, der nur durch den Fall gerechtfertigt, ja nothwendig wird, wenn man jenen Zweck auf keinem andern und wohlfeilern Wege erreichen kann. Er läßt sich aber, meines Erachtens, unter sichern Umständen wirklich wohlfeiler bei dem Brachsysteme erreichen, und da, wo diese Umstände eintreffen, finde ich daher dieses System nicht so verwerflich, als man es hat machen wollen. Und wenn gleich ein allgemeines Brachsystem in

Bezug auf das allgemeine Wohl nicht ohne Tadel, und in dieser Hinsicht selbst verdammungswürdig seyn würde: so verdient es in Bezug auf den Privatnutzen seines Betreibers unter sichern Umständen und Modifikationen vor manchem andern den Vorzug. Es erfodert weniger Dung; giebt mehr Stroh; einen reicheren Ertrag an Korn, eine sicherere Ernte; erfodert eine geringere Vorlage, und kostet weniger Arbeit. Dieses letztere ist zwar von den Vertheidigern der Hackfrüchte bestritten worden; vergleichen wir aber die auf eine reine Brache fallende Arbeit mit der, welche auf das Pflanzen, Hacken, Einernten, Einführen, Aufbewahren, Verfüttern der Brachfrüchte fällt: so kann der Vergleich in Bezug auf die Arbeit nicht anders als zu Gunsten der reinen Brache ausfallen.

Wenn ich aber hier der Brache das Lob spreche: so thue ich dieses doch nicht unbedingt, und bin weit entfernt, die barbarische Indolenz der Vorzeit, oder die traurige Unmöglichkeit, in welcher einst die Nichtkenntniß des Klees und Espers die Wirksamkeit des Menschen fesselten, zurückzuwünschen. Tritt aber die Brache mit dem Bau der Futterkräuter in eine gerechte Verbindung: so reichen sich beide die Hand, und sichern dem Landwirthe einen höhern reinen Ertrag, als eine überhäufte Erzielung von Wurzel- und Handelsgewächsen hervorbringen würde; ob ich gleich beide keineswegs von einem guten Brachsysteme ausschließe.

Unter die Umstände, welche ich zur Rechtfertigung des Brachsystems fordere, gehören:

1) Daß dabei keine Dreifelderwirthschaft zum Grunde liege, in welcher durch zwei, drei hinter einander folgende Getreideernten dasjenige wieder verdorben wird, was man durch die Brache gut gemacht hat. Zu einer solchen Dreifelderwirthschaft gehörte nicht weniger Dünger als zu der Zweifelderwirthschaft; da jene aber dessen ungleich weniger erzeugt, als diese: so kann sie ihr auch die Wage nicht halten; sie muß gegentheils von Jahr zu Jahr, ohne einen beträchtlichen Zuschuß von natürlichem Graswuchse, an Kraft abnehmen, und ihre Aecker müssen zuletzt denen von Kriegsfeld gleich sehen. Es sollte also, meiner Meinung nach, nur eine Getreideernte auf jede Brache folgen.

2) Kann und darf diese Wirthschaft nicht ohne Nutzvieh seyn; ob sie gleich nur die Hälfte oder den dritten Theil desjenigen braucht, was eine Zweifelderwirthschaft, oder eine dreifelderige mit bestellter Brache gefodert. Zu dem Ende kann sie des künstlichen Futters nicht ganz entbehren: zumal, wenn es ihr sogar an Graswuchs zu dem Unterhalte des Gespannes gebricht, welches in der Pfalz so häufig der Fall ist.

3) Ist dieses Brachsystem am vortheilhaftesten auf gutem, und zwar sehr gutem Boden anwendbar, besonders wenn er etwas schwer ist. Es heißt zwar gewöhnlich: der Boden ist zu gut,

um ihn müssig liegen zu lassen. Es ist dieses aber ein Irrthum; denn eben der beste Boden liegt am wenigsten müssig. Auch ohne das Zuthun der Menschen deckt er sich unaufhörlich mit Grün, und bereitet selbst den Stoff, der dazu dienen soll, ihn mit neuer Fruchtbarkeit zu schwängern; statt daß der schlechte Boden, das ausgesogene Land in dem Brachjahre wirklich müssig liegt, indem es ihm an Lebenskraft zur Thätigkeit gebricht. Dieser schlechte Boden gewinnt also nichts durch eine unthätige Ruhe; es sey denn, daß die Klöße des allzustrengen Bodens in dem Brachjahre besser zerstört werden können. Ist der magere oder schlechte Boden zugleich leicht, oder ein baarer Sand: so ist ihm die einjährige Brache nicht allein unnütz, sondern durchaus schädlich. Mit dieser unleugbaren Theorie stimmt denn auch die Praxis meistens überein. So sehen wir z. B. in den Poldern unterhalb Antwerpen, die seit Menschenaltern ohne Dung gebaut werden, alle 6 oder 9 Jahre eine Brache: statt daß man in den daran stoßenden Sandländern der Campine, die nie etwas ohne Dung hervorbringen, das Land alle Jahre bestellt.

Ich glaube also nicht, daß die Fruchtfolge von Wonsheim, wenn wir sie in ihrem ganzen Umfange betrachten, so tadelhaft sey, als sie es bei dem ersten Anblicke zu seyn scheint. Eine Fruchtfolge, die in 14, ja 15 Jahren nur einmal Dünger fodert, und doch vollkommene Ernten giebt, hat gewiß ihr Verdienst, und ihr könnte, auf ihr angemessenem Boden, vielleicht vor mancher andern der Vorzug gebühren.

Man hat hier auch noch folgenden vortrefflichen und reichen Fruchtwechsel:

1. Brache, gedüngt;
2. Raps;
3. Rocken;
4. Weizen;
5. 6. 7. Esper;
8. Weizen.

Der Esper wird nach dem ersten Schnitte im siebenten Jahre gestürzt und das Land gewalzt oder zugeschleift; damit die Pflanzen desto schneller rotten. Nach dem zweiten Pflügen, wodurch die Wurzeln des Espers wieder auf die Oberfläche kommen, wird alles strenge veregget, darauf der Weizen gesäet und untergepflügt.

Man säet auch wol Raps nach dem Esper, und läßt dann erst Weizen folgen.

Mit den angeführten beiden Fruchtwechseln steht folgender Umlauf, den Einige befolgen, in einem sehr widrigen Contraste.

1. Brache, gedüngt;
2. Rocken;
3. Weizen;
4. Gerste;
5. 6. 7. Esparsette;
8. Weizen.

Nach dem Rocken wird zum Weizen dreimal gepflügt. Die Weizenstoppel, auf welche Gerste folgen soll, wird sogleich nach der Ernte gestürzt; dann wird vor Winter noch einmal gepflügt. Im Frühjahre wird das Land geegget, die Gerste gesäet und untergepflügt. Darauf wird der Espersamen ausgestreuet und untergeegget. Man säet die Gerste zu Ende des März oder Anfang Aprils.

Zu Kartoffeln wird ein- auch zweimal vor Winter gepflügt, und im Frühjahre noch einmal. Alle diese Pflugarten werden tief gegriffen. Man legt sich hinter dem Pfluge ein, und läßt sie zwei bis drittehalb Fuß von einander fallen. Zu der Gerste, die auf Kartoffeln folgen soll, wird vor Winter gepflügt. Im Frühjahre wird die Gerste über den Acker gesäet, und mit dem Pfluge untergebracht.

Kleeweizen und Mistrocken werden nach der Einsaat gewalzt; oder hat die Witterung solches nicht zugelassen: so geschieht es im Frühjahre. Das Wintergetreide aber, das keinen Dung erhalten hat, oder nicht in Kleestoppel gesäet worden ist, wird nicht gewalzt; weil der Boden sich hinreichend von selbst schließt. Man walzet Hafer und Gerste, wenn sie über der Erde sind.

Das Brachfeld wird zuerst gebrochen, dann gefelgt, dann gerührt, dann besäet und der Samen untergepflügt. Das Brechen geschieht am tiefsten.

Man hält hier auf hundert Morgen nicht mehr als zwei Pferde, 8 Stück Kühe und Ochsen; und eben so viel an Zuzucht. Man spannt gewöhnlich nur ein Pferd an den Pflug, und füttert es im Winter mit Runkeln und Rüben. Die Kühe werden im Stalle gefüttert; die Runkeln hier, wie allenthalben, für ein schlechtes Milchfutter gehalten. Desto besser befindet man sich in dieser Rücksicht bei ein paar Hände voll geschrotener Wicken, die man unter das Getränke mischt.

Man hat zu Wonsheim auch etwas, wiewol nur wenig Luzerne, und säet sie in die besten Felder.

Erbesbüdesheim.

Ich hatte hier, zum erstenmale in meinem Leben, die Ehre, mich mit einem hebräischen Landwirthe zu unterhalten.

Wenn wir die ungeheure Bevölkerung des ehemaligen Palestina betrachten: so scheint es unglaublich, wie eine solche Volksmenge auf einem so kleinen Raume habe leben können, und wir müssen annehmen, daß das ganze Land bis in die Gipfel der Berge wie ein Garten angebauet war. Nicht zu veräußerndes Grundeigenthum, und eine übersetzte Bevölkerung brachten nothwendig die Cultur dieses Landes auf die höchste Stufe der Vollkommenheit, und machten aus jedem Familienvater einen Gärtner, der sich in dem Schatten seiner Rebe, seines Nisen- oder Feigenbaums lagerte, und mit den Seinigen die süßen Früchte seines Fleißes genoß. Noch hatte der leidige Wucher, und die damit verbundene körperliche Trägheit, den Charakter der Nachkömmlinge Jakobs nicht entweiht, und ihre Thätigkeit gelähmt. Sie bildeten ein Volk von Ackerleuten, das wenig von Kunst und Handel wußte, unmittelbar aus den reinen Brüsten der milden und einfachen Natur seinen Lebensunterhalt sog, und That und Kraft hernahm, um sich unter dem Sturze aller benachbarten Reiche allein, und so lange aufrecht zu halten.

Und diese stolze Zeder, die meist so fest gewurzelt auf dem Libanon stand, ist zu unsern Tagen nichts mehr als eine Schmarotzerpflanze, die sich wie eine Epheuranke oder eine hungrige Flechte um jeden Baum schlingt, den sie erreichen kann, und sich auf seine Kosten nährt. Ob eine solche Pflanze, die nun einmal an eine fremde Stütze gewöhnt ist, davon losgerissen und selbstständig gemacht werden kann: das ist eine Aufgabe, die wol in dem ersten Jahrhunderte nicht wird gelöset werden. Die religiösen Gebräuche des jüdischen Volks, die so sehr von den Gebräuchen der Völker abweichen, unter welchen es wie eine zerstreuete Heerde lebt, namentlich die Verschiedenheit des Ruhetages, machen ihm den Betrieb der Landwirthschaft äußerst schwer. Am Sonnabend untersagt das Mosaische Gesetz alle knechtliche Arbeit, und am Sonntage verbietet sie das unsere.

Setzen wir dazu einige Festtage der Christen und die weit häufigern Fest- und Bußtage der Juden: so ist mehr als ein Drittel des ganzen Jahres für den Ackerbau verloren. Dieser wäre also durch Israelitische Knechte durchaus nicht zu betreiben, und Christliche an dem Sonnabend auf dem Felde arbeiten zu lassen, läuft ebenfalls wider das jüdische Gesetz. Man sucht dieses freilich dadurch zu umgehen, daß der jüdische Landwirth keine Notiz von der Arbeit seiner Knechte und seines Gespannes an solchem Tage nimmt, und er nach der rechten Seite hinsieht, wenn diese nach der Linken pflügen und schaffen; wie aber da geschafft und gepflügt wird, das wird sich der erklären, welcher schon seine Ziege unangebunden in dem Garten hat grasen lassen. Die Herren Israeliten, in deren Händen nunmehro das meiste Geld steckt, mögen mit Nutzen dasselbe zum Ankauf des Grundeigenthums verwenden, allein das Angekaufte selbst bauen, das können sie nicht ohne ihren und den allgemeinen Nachtheil.

Man hat zu Erbesbüdesheim auf dem besten Acker:

1. Brache, gedüngt;
2. Rocken;
3. Weizen;
4. Kartoffeln;
5. Gerste;
6. 7. 8. Esparsette;
9. Raps;

10. Weizen;
11. Gerste.

Auch hier hätten wir also die gute Grundlage zu einem guten Fruchtwechsel: Hackfrüchte, Gerste, Futterkräuter.

Ehe man noch mit den künstlichen Futterkräutern bekannt war, welches man hier die Zeit nannte, wo die Zugochsen sich im Frühjahre vor dem Pfluge auf die Knie niederwarfen, und die Kühe, nach hiesigem Ausdrucke, ohne Hosen herumgingen, das heißt: wo das Vieh vor Hunger und Elend verging; da war die Fruchtfolge auf ähnlichem Boden: 1. Brache, gedüngt, 2. Rocken, 3. Brache, 4. Rocken, 5. Rüben, 6. Gerste, 7. Brache, 8. Weizen. Es scheint also, daß man auch schon damals das Dreifeldersystem nicht anwendbar fand; denn bei ihm würde der Dung nicht auf acht Jahre zugereicht haben.

Auf Feldern von minderer Güte hat man:

1. Brache, gedüngt;
2. Rocken;
3. Gerste;
4. 5. 6. Esper;
7. Weizen;
8. Gerste oder 8. Brache;
9. Rocken.

Diese Wirthschaft kömmt der, die wir für den guten Boden angeführt haben, gewiß auf keine Weise gleich. Woher mag es doch kommen, daß man von schlechtem Boden verhältnißmäßig mehr, als von gutem Boden fodert? Geschieht es, weil an jenem weniger zu verderben ist, als an diesem? Gewöhnlich wird dem elendesten Rosse die härteste Arbeit aufgeladen.

Man säet mit dem Esper immer etwas Klee aus, und nimmt von diesem 5 Pfund Samen auf den Morgen. Vor 36 Jahren wurde der Gips zuerst hierher gebracht. Der erste Versuch damit geschah auf einem zweijährigen Kleeacker. Es zeigte sich aber später, daß der Klee, mit dessen Natur man damals noch nicht recht bekannt war, im Winter erfroren war. Man pflügte ihn also unter, und säete Etzfutter (Wickgerste) an die Stelle. Dieses wuchs darauf mit solcher Kraft auf dem gegipsten Boden, daß der Glaube an den Gips Eingang fand.

Der Pflug hier hat im Ganzen zwar die Bildung des Wonsheimer Pfluges, doch leidet er schon einige Abweichungen, und ist nicht mit derselben Genauigkeit und Vollkommenheit angefertiget. — Der Israelite, den ich sprach, bauet 70 Morgen, und hält darauf 2 Pferde und 10 Stück Rindvieh.

Freimersheim.

Die Fruchtfolge ist wenig von der von Erbesbüdesheim verschieden. Man hat:

1. Brache, gedüngt;
2. Weizen oder Spelz;
3. Kartoffeln;
4. Gerste;
5. 6. 7. Esper. Nach dem ersten Schnitte de siebenten Jahres wird zweimal gepflügt, da Land veregget, gewalzt, und mit Raps besäet Der Rapssamen wird untergepflügt.
8. Raps;
9. Weizen;
10. Gerste, auch wohl

10. Gerste;
11. Hafer.

Alzey.

Ich fand in den hiesigen Niederungen eine schweren und unübertrefflichen Boden. Die kost bare Luzerne allein verdient als Futterkraut dar auf angebauet zu werden. Man weiset dem Kle die etwas trockenern lehmigen Hügel, und der Es parsette die steinigen Abhänge an. Die folgend Fruchtfolge mag für die Kraft und Stärke de ersten Bodens zeugen:

1. Brache, gedüngt mit 25 einspännigen Fudern
2. Raps;
3. Rocken;
4. Weizen;
5. Gerste;

6. Hafer;
7. Kartoffeln;
8. Gerste;
9. Luzerne; ihre Dauer ist unbestimmt.

Oft stoßt man auch die Gerste und den Hafer aus dem fünften und sechsten Jahre aus, und reiht die Kartoffeln mit ihrer Folge an den Weizen an.

Auf die Luzerne läßt man Raps, Runkeln oder Kartoffeln folgen. Man hat Beispiele, daß man hundert Malter Kartoffeln nach siebenjähriger Luzerne von einem Morgen aufgenommen hat; statt daß ihr gewöhnlicher Ertrag nach dem Getreide nur von 30 bis 40 Malter ist. Man pflanzt, häufelt und gräbt die Kartoffeln mit dem Pfluge, aus. Einige häufeln sie auch mit der Hacke, und heben sie mit dem Karste aus.

Nach dem Esper läßt man Weizen, nach diesem Rüben, und darauf Gerste folgen. Der Morgen hat zu Alzey 140 Ruthen; der Ertrag davon ist: bei dem Rapse 7 bis 8 Malter, und 12 bis 13 wenn er recht gut geräth. Weizen und Rocken geben 120 Garben, und 9 Malter Körner; die Gerste giebt 80 Garben, und 6 Malter an Korn.

Von Alzey schlug ich mich wieder nordwärts nach

Albig,

einem wegen seiner Cultur berühmten Orte.

Man pflegt hier alle entfernten Felder, auf welche man nur selten Dung bringen kann, mit dem Spaten umzugraben. Eine Vorrichtung, deren Ausübung ich außer dem Lande von Waes noch nirgend angetroffen habe. Vier Mann fertigen einen Morgen in drei Tagen ab. In dieses gegrabene, aber nicht gedüngte Land kommen im ersten Jahre, oder

1. Kartoffeln oder Möhren;
2. Gerste. Diese wird auf dem vor Winter umgepflügten Acker im Frühjahre ausgesäet und eingepflügt; dann wird Esparsette mit etwas Kleesamen darüber hergesäet und untergeegget.
3. 4. 5. Esper;
6. Weizen. Dazu wird die Esparsettstoppel ein, auch zweimal, wiewol nur flach umgepflügt. Der Weizen wird mit dem Pfluge untergebracht.
7. Hafer oder Gerste;
8. Brache. Nun muß aber gedüngt werden.
9. Rocken;
10. Raps;
11. Rocken;
12. Brache;
13. Weizen;
14. Gerste.

Hat man die Brache im achten Jahre mit kurzem Dünger gedüngt, so nimmt man im neunten Jahre Raps, im zehnten Rocken, im elften Brache u. s. w. Man hat auch, so viel ich weiß, manchmal: 1. Rüben, 2. Gerste, 3. Esper.

Auf dem gewöhnlichen Boden hat man:

1. gedüngte Brache;
2. Weizen;
3. Gerste;
4. 5. 6. Esper;
7. Kartoffeln oder Runkeln;
8. Gerste — Hafer;
9. Brache;
10. Weizen.

Fruchtfolge mit Luzerne:

1. bis 8. Luzerne, auch länger;

9. Raps,	oder	9. Kartoffeln, Runkeln;
10. Rocken, Weizen,		10. Gerste;
11. Gerste,		11. Brache;
12. Brache,		12. Weizen;
13. Weizen.		

Gewöhnlich bauet man ein Luzernfeld acht Jahre hintereinander, jedoch mit einigen dazwischen kommenden Brachjahren, ehe man wieder Dung darauf bringt.

Vor der Einführung des Futterkräuterbaues hatte man hier: 1. Brache, 2. Weizen, 3. Brache, 4. Weizen, 5. Kartoffeln, 6. Gerste, 7. Brache, 8. Weizen, und so bis sechzehn Jahre in einem ohne Dung fort, „und", sagte mir hier ein redlicher greiser Landwirth, Namens Neth, „ob „wir damals gleich mehr Getreide säeten als jetzt, „so führten wir dessen doch weniger nach Hause „als unsere Kinder; denn wir hatten nicht so viel „Vieh als sie haben. Ich sehe das wohl an mei- „ner Scheuer, und kann sagen, daß sie jetzt von „achtzig Morgen voller wird, als damals von „hundert." Es kömmt also bei dem Ertrage des Getreides auf das Mehrsäen nicht an, und das mögen sich auch manche Dreifelderwirthe merken. Weislich verfuhr die Vorsehung, welche die Erde nicht bloß zu dem Dienste des Menschen erschuf, sondern, damit alle Geschöpfe ihrer Hand darauf Nahrung finden möchten; da sie es so einrichtete, daß die Erde nur in dem Grade freigebig gegen den Menschen wird, als dieser den Thieren einen Antheil von ihrem Erzeugten überläßt! Wie leicht würde ohne diese Einrichtung jener Herr der Erde alle lebende Geschöpfe um sich her verdrängen, gerade, als wenn er nur allein zu leben brauchte!

Man verwirft hier den Anbau der Stoppelrüben, weil sie zu nachtheilig auf die folgenden Ernten wirken. Die Brachrüben, die man bauet, werden nicht behackt, wie ich solches glaube in der ganzen Pfalz bemerkt zu haben; dagegen werden Kichern und Erbsen mit untergesäet, die man vor den Rüben ausziehet und grün verfüttert.

Die Runkeln werden mit dem Pfluge verpflanzt. Auch hier fand ich so schmale Furchen auf dem Felde, daß man glauben sollte, sie wären mit der Egge abgefertiget worden.

Man bedient sich hauptsächlich der Ochsen zur Arbeit, und pflügt bald mit einem, bald mit zwei Ochsen, mit einem und zwei Pferden, bald mit zwei Kühen. Man ziehet diese bei der Arbeit einem einzelnen Pferde vor. Zwei Ochsen reichen in einer Wirthschaft von 40 Morgen, und zwei Kühe für 20 Morgen zu. Auf 2 Ochsen werden 6 bis 8 Kühe, und 5 bis 6 Stück Jungvieh gehalten. Das Vieh wird das ganze Jahr auf dem Stalle gefüttert, daher man alles, was sonst Gras trug, in Ackerland umgeschaffen hat. Die Pferde werden im Sommer mit Luzerne unterhalten, die Kühe im Winter mit Stroh, Runkeln und Kaff gefüttert, dabei warm getränkt. Das Mastvieh wird mit rohen Kartoffeln, Runkeln und Gerstenschroot gemästet, und ebenfalls warm getränkt.

Man macht keinen Gebrauch vom Gipse. Er soll hier keine Wirkung thun. Unterdessen konnte mir mein Alter keine zureichende Beweise geben, daß man vergleichende Versuche darüber angestellt habe. Wir werden sogleich auf diesen Gegenstand zurück kommen.

Bechtolsheim.

Ich erhielt hier eine neue Warnung, wie vorsichtig ein reisender Agronom in dem Glaubenbeimessen seyn soll. Schon an mehreren Orten in der Pfalz hatte man mir gesagt, daß nördlich von Alzey aus wenig, und in einigen Gegenden gar kein Gebrauch von dem Gipse gemacht werde. Ich setzte mir also vor, alle mögliche Erkundigungen über diesen Punkt einzuziehen.

Ein Bewohner von Bechtolsheim, den ich in Albig traf, hatte mir mit einer solchen Menge Umstände erzählt, daß bei ihm der Gips durchaus ohne alle Wirkung wäre, daß ich die Sache nicht bezweifeln konnte. Unterdessen bewog mich eben das, den Weg über jenen Ort zu nehmen, um mich noch mehr in der Wahrheit zu begründen. Zu meiner Verwunderung aber bezeugte mir der erste Mann, den ich daselbst traf, gerade das Gegentheil. Es war dieses Hr. Böhm, gewesener Maire, und ein ansehnlicher Landwirth. Er gipset alljährlich Klee, Erbsen und Wicken. Er gesteht indessen, daß der Gips bei trockenem Wetter ohne alle Wirkung bleibe; daß er sich aber dennoch auf die folgenden Früchte äußere. Er gipset daher alle Jahre. Wahrscheinlich, daß einige kurzsichtige oder kärgliche Bauern es bei einem ersten mißlungenen Versuche haben bewenden lassen, und zu ihrer Rechtfertigung die Schuld auf das Gipsen selbst werfen.

Ich habe bei dem Art. Erbesbüdesheim bemerkt, daß der erste Versuch mit dem Gipse durch Zufall auf einem Acker gemacht wurde, worauf der Klee im Winter zu Grunde gegangen war; daß man aber dennoch die außerordentliche Wirkung des Gipses an der folgenden Frucht gespürt habe. Dieses mit dem, was ich über die Unwirksamkeit des Gipses auf die gegenwärtige, und seine gute Wirkung auf die folgende Frucht sowohl zu Bechtolsheim, als auch anderswo erfuhr, führt ganz natürlich auf den Schluß, daß der Gips vielleicht mehr noch auf den Boden, als auf die damit bestreueten Blätter und Stiele der Pflanze wirke; denn wie sollte er sonst noch den folgenden Saaten zu gute kommen? Freilich kann man hier sagen: „Der Gips wirkt auf den Klee und befördert sein Gedeihen. Je stärker und dichter dieser ist, destomehr hinterläßt er der Erde; und so hat der Klee unmittelbar, der Gips aber nur mittelbar auf die folgende Saat den mächtigsten Einfluß.“ Dieses ist zwar richtig; allein wenn nun der gegipste Klee durch Frost oder andere Zufälle zurückschlägt, oder, wenn er bei trockener Witterung durchaus keinen Nutzen von dem Gipsen zieht, und wenn da die gegipste Stelle sich dennoch bei der folgenden Frucht auffallend auszeichnet: so ist doch wohl nicht zu leugnen, daß der Gips hier auf den Boden, und mithin auf die Wurzeln einwirke. Christian Dettweiler *), einer der gescheutesten Landwirthe, die ich noch getroffen habe, ist durchaus dieser Meinung; daher sieht er nicht darauf, ob die Kleeblätter im Frühjahre den Boden zu belegen anfangen, oder nicht. Er streuet den Gips so früh er kann, und stets im Hornung, weil alsdann noch Feuchtigkeit da ist, die oft im März fehlt. Er würde, wie er mir sagte, den Gips im Herbste oder Anfangs Winter ausstreuen, wenn er ihn um diese Zeit beifahren könnte.

Daß die Wirkung des Gipses durch den gleich auf das Gipsen eintretenden Frost zernichtet werde, wurde mir weder hier noch irgendwo in der Pfalz, wo ich mich angelegentlich darnach erkundigte, bestätiget. Dasjenige also, was ich bei Hrn. Uhl, Artikel Merlenheim, gehört habe, steht zu bezweifeln. Das Schwarzwerden seines Klees durch den Frost, mochte von andern Ursachen als dem Gipse herrühren. Daß der Gips aber bei trockenem Wetter auf den Klee nichts fruchte, sich aber doch noch hernach an den folgenden Saaten wohlthätig beweise; davon gab man mir überall die überzeugendsten Proben an, und es herrscht in der Pfalz nur eine Stimme darüber.

So wie allenthalben, so fand ich in diesem Lande nicht einen Ort, nicht einen einzigen, wo

*) Wir werden von ihm in einem der folgenden Artikel sprechen.

man sich nicht in Lobeserhebungen über die Wohlthaten ergoß, welche der Anbau der Futterkräuter (Klee, Esper und Luzerne) dem Ackerbaue gewährt. „Was würde aus uns geworden seyn," sagte mir Hr. Böhm, „wenn wir in diesen Kriegszeiten keinen Esper und keinen Klee, also nicht mehr Futter als unsere Väter gehabt hätten? Entweder unser Vieh, oder die Pferde der Armeen hätten müssen darüber zu Grunde gehen! Alles Stroh und alles Getreide wäre in dem Falle verfüttert, unsere Saat auf dem Felde weggemähet worden, und wir selbst wären vergangen. So aber bleibt uns, der unglaublichen Fourragirungen ungeachtet, doch noch Futter übrig, und an manchen Orten sieht man kaum, daß ein Heer durchgezogen ist."

Die Fruchtfolge zu Bechtolsheim und die dabei übliche Feldzubereitung ist folgende:

1. Brache. Man pflügt dreimal, und bringt mit dem vierten Pflügen den Rapssamen in die Erde. Der Mist wird vor der zweiten Pflugart aufgebracht.
2. Raps;
3. Rocken. Dazu werden die Rapsstoppeln zwei mal gepflügt.
4. Weizen. Die Rockenstoppel wird dafür zwei mal gepflügt; dann wird gesäet, und der Samen mit dem Pfluge eingebracht.
5. Gerste. Wo möglich wird die Weizenstoppel zweimal vor Winter umgefahren. Man findet nicht gut den Acker zur Gerste im

Frühjahre zu pflügen. Man säet Anfangs April.

6. 7. Esparsette. Man läßt sie nur zwei Jahre, manchmal auch nur ein einziges Jahr stehen.

8. Weizen. Dazu wird das Esperfeld flach umgepflügt. Die Wurzeln werden mit einer eisernen Egge zerrissen. Darauf pflügt man tiefer. Endlich wird der Weizen gesäet und flach eingepflügt.

9. Kartoffeln;

10. Gerste;

11. Brache ohne Dung;

12. Weizen.

Auf einigen Feldern nimmt man statt des Espers

6. Klee. Dieser bleibt auch manchmal zwei Jahre stehen, und dann wird im zweiten Samen davon genommnn.

7. Hafer. Der beste, den es geben kann.

8. Brache, ungedüngt;

9. Weizen;

10. Kartoffeln.

Nimmt man aber im achten Jahre Kartoffeln statt der Brache, so hat man sich eine vortreffliche Ernte davon zu versprechen. Klee, Hafer, Kartoffeln ist ganz sicher eine sehr konsequente Fruchtfolge. Doch soll keine Kartoffelnernte der nach Luzerne beikommen. Der Ertrag davon steigt manchmal auf 120 Malter, statt daß eine Kartofernte ihrer nur 40 bis 50 nach dem Weizen darbietet. Man säet hier den Rocken auf den frischumgebrochenen Acker, den Weizen aber gerne auf den gelegenen, wieder grünausgeschlagenen Acker. Dieser Gebrauch wäre also gerade das Gegentheil von dem, was ich anderswo beobachtet habe. Man hält den Weizen nach Esparsette für den besten.

Alle trockenen Wiesen werden mit dem Spaten umgegraben und mit Kartoffeln bepflanzt. Darauf folgt Gerste mit Luzerne. Solche Luzernäcker sind nachher nicht zu erschöpfen. — Die Luzerne dauert hier gewöhnlich 8 bis 10 Jahre.

Auf 170 Morgen, der Morgen zu 160 Ruthen, hält man 3 bis 4 Pferde, 9 bis 10 Kühe, und 20 Stück Jungvieh. Auf 20 Morgen braucht man zwei Kühe zur Arbeit, hält ihrer aber drei, damit, wenn eine trächtig wird, die Arbeit nicht liegen bleiben darf. Der Boden ist hier nicht schwer, und man pflügt ihn mit einem Pferde.

Zu Alzey und in dieser Gegend wird alles Getreide ohne Ausnahme mit der Sense abgebracht, und entweder angehauen und von einer Frau in Gelege gebracht, oder geradezu in Schwaden hingestreckt. Die Tagesarbeit für einen Mäher und seine Gehülfin ist von zwei Morgen, nur bei üppigem Weizen von anderthalb Morgen. Der Rocken ist am leichtesten zu mähen. Auch selbst, wenn die Früchte gelagert sind, wird die Sense dabei gebraucht.

Man bedient sich hier wie zu Gölheim, Kirchheim, Wonsheim, Alzey, Albig und von da aus in der ganzen nördlichen Richtung nach der Nahe und dem Rhein zu der Wendepflüge. Allein sie sind hier nicht mehr was sie zu Gölheim und Wonsheim waren. Ihre Struktur wird in dem Verhältnisse schlechter, als man nach Norden vorrückt. Das schöne Gölheimer Schaar verschwindet, und geht in einen umgekehrten runden Spaten über, dessen Gestalt nicht die geringste Berechnung hat. Ich sah zu Gundersblum, wo ich sogleich mit dem Leser ankommen werde, einen solchen Pflug arbeiten, der bei jeder Furche zwei Hüte voll Grund mit sich fortschleppte.

Meine Reise ging nun nach Wintersheim. Zwischen diesem Orte und Dolgesheim sah ich einen steilen Abhang, den man in sechs regelmäßige Terassen oder Absätze gelegt hatte, wodurch eben so viele wagrechtliegende, wiewol nur schmale Felder entstehen. In den Weinbergen ist solches ganz gewöhnlich; aber bei dem Ackerbau hatte ich so etwas noch nicht gesehen, und glaubte diese Art von Industrie bloß in China zu Hause. Ehre also den biedern Pfälzern!

Eine der Unannehmlichkeiten, auf welche sich ein reisender Oeconom, der die Landstraße nicht immer einhalten kann noch darf, gefaßt machen muß, ist: auf die Nacht eine schlechte oder gar keine Herberge zu finden. Es ist aber nicht möglich, dieses in einer unbekannten Gegend voraus=zusehen, um den Reiseplan darnach einrichten zu können. Zu noch größerem Unglücke für mich war Kirmes, als ich in Wintersheim anlangte; darüber Einquartierung, und die verdammte Musik nahm die einzige Kammer ein, die mir hätte werden können. Zufälliger Weise war der wackere Mann, an den meine Addresse ging, über Feld. Ich mußte mich also entschließen, entweder die Nacht mit zu tanzen, oder eine Meile weiter zu fahren, um eine ruhige Nacht zu haben. Mit funfzig Jahren wählt man das Letztere.

Gundersblum.

Indem ich von Wintersheim über die Höhe hierher fuhr, entdeckte ich den Rhein, der sich in, für das Auge, unerklärbaren Krümmungen, Bogen und Umwegen durch die reiche und vollkommene Ebene windet, die sich von Oppenheim aus, bis in die Gegend von Frankenthal in einer beinahe geraden Richtung von Norden nach Süden erstreckt. Bei Frankenthal dehnt sie sich etwas mehr aus, und läuft südwestlich auf Neustadt an, von wo die Gebirgskette wieder nach dem Rheine zu vorspringt und die Ebene unterbricht. Der rasche Abhang der Höhen, die diese Fläche begränzen, und seine Form zeigen sattsam, daß sie ehedem dem Rheine, oder vielmehr einem See zum Ufer gedient haben. Der Rhein, im Anfange ohne Zweifel durch das enge Thal der steilen Rheingebirge bei Bingen und Rüdesheim gehindert, in Vollem wegzuströmen, stauete von da bis zu den Gränzen der Schweiz zurück, und bildete zwischen den Vogesen und dem Schwarzwalde einen der größten Seen des westlichen Continents; bis er sich vor und nach dem Schlund erweitert, vertieft, und dem Gewässer des Sees einen Abzug verschafft hatte. Daher dann diese vollkommene Ebene; daher der reiche Letten, der kalkartige Lehm, der mergelhaltende Thon, die Kiesschichten, die Sandstreifen, die Dünen, der krumme unregelmäßige Gang des Stroms, die häufigen Inseln, die versumpften Stellen u. s. w., die man in diesem großen Thale antrifft.

Wir fuhren unmittelbar bei Gundersblum nach diesem glücklichen Edenthal von der Höhe hinab, und wer je mit offenen Augen da hinab fuhr, der rief gewiß wie ich: Welche Gegend! Welcher Boden! Welches Land!

Luzerne und Esparsette sind die Futterkräuter, welche hier gebauet werden; jene in der Ebene, diese auf der Höhe.

Fruchtfolge mit Luzerne in der Ebene;

1. Brache, gedüngt;
2. Raps;

3. Rocken;
4. Gerste;
5. Hafer;
6. bis 14. Luzerne;
15. Raps;
16. Rocken;
17. Gerste;
18. Hafer.

Und alles das nach einmaligem Düngen! Hatte ich nicht Recht auszurufen: Welcher Boden! Welches Land!? Hier ist wohl kein Ort für eine Musterwirthschaft, und wehe dem, der anderswo die seinige nach einem solchen weiten Leisten zuschneiden wollte!

Fruchtfolge mit Esper auf der Höhe:

1. Brache, gedüngt;
2. Rocken;
3. Gerste;
4. 5. 6. Esparsette. Sie gewährt aber in jedem Jahre nur einen Schnitt; vielleicht, daß man sie ohne Klee aussäet!
7. Weizen;
8. Kartoffeln oder Möhren. Zu beiden wird das Land umgespaltet. Ein Mann fertiget täglich acht bis zehn Ruthen mit dem Spaten ab.
9. Hafer.

Auf leichtem, nassem, moorigem Boden hat man ein Jahr um das andere Runkelrüben und Hafer, und doch wird nur einmal in acht Jahren gedüngt.

Auf Sandfeldern, wo Schwindstellen *) mit unterlaufen, hat man:

1. Brache, gedüngt;
2. Rocken;
3. Gerste;
4. Kartoffeln oder Mais. Zu beiden wird das Feld gegraben.
5. Hafer.

Längs dem Rheine laufen einige Felder her, die sehr oft überschwemmt und mit köstlichem Letten bedeckt werden. Man besäet diese Felder alle Jahre mit Hafer, der über alle Maßen geräth, und 200 bis 250 Garben vom Morgen abwirft. Auch hier herrscht Stallfütterung. Die Kühe werden im Winter warm getränkt, und erhalten Wiesenheu und Runkeln. Man pflügt mit einem Pferde, einem Ochsen, auch zwei Kühen.

Das Land ist zu gut, als daß wir uns lange da verweilen; nur den Bienenfreunden empfehle ich noch, in Gundersblum einen berühmten Magazinbienenstand heimzusuchen, der sich daselbst bei einem Apotheker befindet. Auch der bei Hrn. Hofgerichtsrath Libelius in Mainz, ist sehr sehenswürdig, klein; aber vollkommen eingerichtet. Ich

*) Schwind= oder Brandstellen sind solche, wo nahe unter der Oberfläche Kiesbänke herlaufen, wodurch bei trockenem Wetter die Pflanzen darauf verdorren.

kehre meiner Seits mit meinem Leser wieder nach der Höhe und nach

Wintersheim

zurück, und er wird sich eben so wenig als ich, den doppelten Weg gereuen lassen, um einen wackern Landwirth kennen zu lernen, der als ein Muster in der Nachbarschaft angeführt wird, und dem das Dorf, das er seit funfzehn Jahren bewohnt, sein Glück und seinen verbesserten Wohlstand verdankt. Da mir einige der Einwohner selbst den elenden Zustand der Wirthschaft beschrieben haben, der hier herrschte, und sie ihre vorige Blindheit bekennen, so verdient das Zeugniß allen Glauben.

Noch vor 10 bis 12 Jahren, sagten sie mir, waren Unkraut, und hauptsächlich Disteln im Sommer das einzige Futter, wobei sich die Pferde zu freuen hatten. Vorausgesetzt, daß es sich bei einer solchen Kost freuen läßt. Das Rindvieh war in einem noch erbärmlichern Zustande. Die Ochsen fielen im Frühjahre vor dem Pfluge nieder, die Kühe waren behext und gaben keine Milch. Pharao's magere Kühe waren Mastvieh in Vergleich mit denen von Wintersheim. Auf 100 Morgen Ackerland wurden drei Kuhgerippe gehalten, und im Sommer mit Unkraut, im Winter mit Haferstroh und etwas Runkeln beim Leben erhalten.

Kein Vieh wurde nachgezogen, weil man kein Futter dafür hatte. Die Israeliten spielten also ihre Rolle in dem Viehhandel; gaben das Vieh mitunter auf Borg, und der Bauer wußte zu was für Prozenten. Zog auch Einer einmal ein Kalb auf, so war es mit anderthalb Jahren 7 bis 8 Gulden werth. Wie der Viehstand, so der Feldbau! Seit Menschenaltern hatte das Feld keinen Dung erhalten; einige nahe bei dem Dorfe gelegene Stücke ausgenommen, die man alle 8 bis 10 Jahre mit etwas Dung übersprengte. Funfzehn Garben, und wenn es hoch kam, fünf und zwanzig, war der Ertrag von 160 Nürnberger Quadratruthen. Das Feld war in zwei Fluren getheilt, die der Weg von Gundersblum nach Wintersheim scheidete. Die eine davon lag brach, wenn die andere Frucht trug. Der Fruchtwechsel war: 1. Brache, 2. Spelz, 3. Brache, 4. Hafer, 5. Brache, 6. Rocken. Dadurch ersparte man das Dungausfahren, und wurde in der Feldbestellung nicht irre. Nur auf wenigen Aeckern, die den Haushahn krähen hörten, und daher, wie gesagt, manchmal ein wenig Dung zu sehen krigten, da säete man etwas Klee, Raps und Runkeln.

Wenn man den damaligen Zustand von diesem Dorfe, mit dem nebenbeschriebenen zusammenhält, und dabei bedenkt, daß zehn Jahre hinreichten, um diese große Veränderung hervorzubringen; so kann man nicht anders als darüber erstaunen. Die Fesseln der Zweifluren sind gebrochen.

Jeder bauet, wo, was und wie es ihm beliebt. Statt 15 bis 25, werden jetzt 150 bis 200 Garben aufgebunden. Wo auf hundert Morgen drei Kuhgerippe standen, stehen jetzt 6 bis 7 wohlgenährte Kühe, ohne die Zuzucht, und statt diese von der Judengenossenschafft auf Borg zu nehmen, hat man ihrer an sie zu verkaufen. Die Ochsen beugen nicht mehr die Knie vor dem Pfluge. Die Kühe geben Milch, und man schneidet ihnen nicht mehr die Schwänze auf. Die Luzerne, der Esper und der Gips haben den Zauber gelöset.

Der Mann, welcher die Wintersheimer mit diesem Talisman bekannt machte, ist Christian Dettweiler, ein Mennonist von Kendenheim, der sich vor ungefähr dreizehn Jahre hier niederließ. Er brachte seinen Esper- und Luzernsamen mit. „Ja!" hieß es, „der glaubt uns etwas zu lehren; allein, wenn ewiger und türkischer Klee bei uns wachsen wollten, so hätten wir auf ihn nicht gewartet. Unsere Väter verstanden das Handwerk auch! Und, wo soll er dann Getreide hinsäen, wenn er alles mit Klee und Kraut übersäen will? Er wird sich schon bekehren, sobald er seine Felder einmal wird zu Grunde gerichtet haben, und diese kaum Disteln mehr vorbringen werden." Man sollte nicht glauben, daß man noch vor zehn Jahren in irgend einem Theile der Pfalz eine solche Sprache führen konnte *) Allein, ich schreibe

*) Sie paßt höchstens für eine Reisebeschreibung. Man

keinen Roman, und wage es nicht, selbst aus guter Absicht, eine Lüge zu sagen. Ich benenne den Ort und die Menschen. — Dettweiler schwieg und säete fort, und was er säete wuchs. Die Prophezeihung schlug fehl; die Felder verbesserten sich, statt schlechter zu werden. Futter, Stroh, Dünger, folglich auch Getreide kamen im Ueberfluß. — Nun öffneten sich die Augen der Blinden, und die Lahmen fingen an zu gehen. „Das hätten wir nicht gedacht!" hieß es nun, und nun veränderte sich auch die Gestalt der Erde.

Ich fand hier zweijährige Luzerne, wovon der dritte Schnitt *), ungeachtet der großen Trockenheit, über zwei Fuß hoch war, und rein und vortrefflich stand. Sie gehörte Dettweiler an. Es ist wahr, er hatte sie unter wohlgedüngten Raps gesäet; allein, um solche Luzerne zu haben, verdiente sie selbst in porzellanene Töpfe gesäet zu werden. Der Gips thut hier die vorzüglichste Wirkung. Seine Einführung in der Pfalz, ist das Werk von Dettweilers Vater, der ihn im Jahr 1772 in einem Sacke mit sich aus der Gegend von Weißenburg nach Kendenheim brachte. Er

sehe den letzten Artikel meiner Beschreibung der Fellenbergischen Landwirthschaft.

*) den 21sten August 1814.

machte sogleich einen Versuch damit; säete ihn aber am Mittage selbst aus, während seine Nachbaren zu Tische saßen, um allem Gespötte vorzukommen. Die Wirkung des Gipses war außerordentlich, und fiel jedermann auf. Er konnte nun schon, ohne ausgelacht zu werden, sein Geheimniß verrathen, aber lange bekämpfte noch bei einigen der Geist des Widerspruchs den Fortgang des Guten. „Das Neue, das beste Neue," sagt Mayer, „will nicht ein. Das Nervenwerk der Bauern „ist eben gar zu hart. Alles geht schwer ein und „schwer aus. Sie nehmen so leicht und schnell „nichts an, und lassen so leicht und schnell keine „alte Gewohnheit wieder fahren." So sollte das Vieh von Dettweiler, ihrer Verheißung nach, von dem Gipse auflaufen und erkranken, das Feld sollte dadurch ausgemergelt werden; „allein," sagte mir der ehrwürdige Alte, „Feld und Vieh thaten's „doch nicht. Letzteres blieb gesund, und ersteres „wurde mit jedem Jahre besser." Die Wahrheit siegte zuletzt, die Hartnäckigkeit gab nach, und das Vorurtheil verschwand.

Heil dem Manne, der sich mit solchen Lorbeeren krönt, an denen kein Blut klebt, die keine Zähre des Unterdrückten netzt; sondern woran der Segen künftiger Generationen haftet! — Hätte mein Umherreisen keinen andern Nutzen als den, die Namen solcher Edlen aus der Verborgenheit hervorzuziehen, und sie der Nachwelt zu überliefern: so rechnete ich mir es zum Verdienste.

Der Fruchtumlauf, den man jetzt zu Wintersheim angenommen hat, ist folgender:

1. Brache, gedüngt. Man rechnet ein vierspänniges Fuder auf jede zehn Ruthen.
2. Raps;
3. Rocken;
4. Gerste. Dazu wird die Rockenstoppel vor Winter zweimal umgepflügt, und die Gerste im Frühjahre ohne weiteres Vorpflügen gesäet.
5. Hafer. Manchmal auch weggelassen.
6. 7. 8. Esparsette. Wird sie ohne Beimischung mit Klee gesäet: so nimmt man drei Firnsel Samen auf 100 Ruthen. Fügt man aber anderthalb Pfund Kleesamen dazu, so braucht man ein halbes Firnsel Esparsette weniger.
9. Weizen;
10. Kartoffeln;
11. Gerste oder Hafer;
12. Brache;
13. Weizen.

Aller Samen, selbst der Raps, wird untergepflügt; nur Klee-, Esper- und Luzernsamen nicht.

Die schlechtesten Aecker sucht man durch den Anbau von Möhren und Esparsette zu verbessern. Zu dem Ende aber muß das Land gegraben werden. Man verfährt dabei folgendermaßen. Nachdem der Pflug in der Mitte des Feldes zwei Furchen gegen einander angeschossen hat: so zieht er von beiden Seiten noch einen Schnitt, und legt ihn an den schon aufgeworfenen Kamm an. Zehn Menschen stehen vertheilt in der Furche, graben sie ihrer Breite nach mit dem Spaten aus, *) und legen den Grund auf die zuletzt umgepflügten zwei Schnitte. Dann zieht der Pflug wieder zwei Furchen von jeder Seite, und das Ausgraben wird fortgesetzt: so daß am Ende sich jedesmal eine Furche über die andere von dem ganzen Felde ausgegraben findet, und von dem untern rohen Grunde über die ganze Oberfläche etwas vertheilt ist. Darüber wird der Möhrensamen ausgesäet, eingeegget und das Land zugeschleift. Man säet gewöhnlich noch vor dem Merz, damit die Feuchtigkeit das Aufkommen der Möhren befördere. Später wird gejätet, wiewohl nicht gehackt. Auf die Möhren folgt Hafer, unter welchen Esparsette gesäet wird. Alles ohne Dünger. Die Esparsette kommt in einem solchen gegrabenen Boden (sollte der Grund, den man herauf gebracht hat, auch noch so roh

*) Sie haben dabei eine besondere Art in den Grund zu stechen; da sich aber darüber einige Undeutlichkeit in meine Noten eingeschlichen hat, die ich mir nicht zu erklären weiß: so lasse ich die Beschreibung davon weg.

und steinig seyn) äusserst gut. Es scheint selbst, daß dieser aufgebrachte rohe Grund ihr gedeihlicher sey, als die fetteste Erde. Dettweiler hält die Möhren für ein köstliches Pferdefutter.

Der Pfuhl wird im Winter auf die Luzerne, auch auf die Brache verwendet. Man sieht nicht darauf, ob bei dem Aufführen der Boden gefroren sey.

Ich nahm Abschied von Christian Dettweiler. Mein Mund sagte diesem Wohlthäter seiner Nebenmenschen Dank, und mehr noch mein Herz.

Sandhof.

Wir eilen nun einer ganzen Republik von tüchtigen Ackersleuten entgegen, die den Beschluß meiner Reise und dieses Werkes machen sollen. Ich rede von dem berühmten Mennonistenhofe zu Ibersheim, der zwischen Rheintürkheim und Hamm nahe an dem Rheine liegt.

Ich kam an, oder glaubte angekommen zu seyn, und da ich mich einige Tage an einem so merkwürdigen Orte aufzuhalten gedachte: so gab ich meinem Führer den Abschied. Zu meinem Aerger hörte ich jetzt erst, daß ich auf dem Sandhofe, und nicht auf dem Ibersheimerhofe einquartirt war. Das Uebel war geschehen; ich suchte also Vortheil daraus zu ziehen, und blieb.

Dieser vormals Pfälzische Domainenhof wird von sechs Bauern, die nunmehr wirkliche Eigenthümer davon sind, betrieben. Es sind also eigentlich jetzt sechs Höfe, wovon die Gebäulichkeiten zum Theile getrennt, und nur durch eine gemeinschaftliche Ringmauer vereint sind. Jeder von ihnen mag ungefähr sechszig Morgen unter dem Pfluge haben. Da sie noch bei dem elenden Weidesysteme beharren: so bleibt noch eine ansehnliche Strecke sehr guten Bodens unnütz liegen. Ich sage unnütz; denn dieser Boden liegt zum Theil zu hoch, und ist zu trocken, um so viel Gras hervorzubringen, daß es nur einigermaßen lohnen könne. Er wäre bei Stallfütterung durch den Pflug noch dreimal so hoch zu benutzen. Indessen da die sechs Bauern die Weiden nicht getheilt haben; sondern gemeinschaftlich betreiben: so kann dieses schlechte Wesen noch lange so fort gehen.

Dasselbe gilt auch von einer ziemlich großen sandigen Strecke, wovon das Eigenthum zum Hofe, und das Recht, sie das ganze Jahr mit Schafen zu betreiben, einem Fremden gehört. Da nun diese Sandstrecke, die völlig das Ansehn ehemaliger Dünen hat, von selbst nichts als ein wenig Heidekraut vorbringt: so haben beide Theile für keine hundert Franken Nutzen von einem Boden, der ohne jene widersinnige Anordnung einige tausend Franken an rohem Ertrage geben würde. Ein Sand wo Esparsette wachsen will und Weinreben gedeihen, ist keineswegs schlecht. Mit einem Worte, der Sandhof ist nicht gemacht um einem Reisenden einen besondern Begriff von der Pfälzischen Landwirthschaft zu geben, und der allzukostbare körnige, schwarze, fette Boden nicht geeignet, Fleiß und Industrie um Hülfe anzusprechen.

Die Fruchtfolge auf diesem Boden ist:

1. Brache, etwas gedüngt;
2. Rocken oder 2. Raps;
3. Weizen — 3. Spelz;
4. Spelz — 4. Gerste;
5. Hafer — 5. Runkeln;
6. Kartoffeln;
7. Gerste;
8. Weizen oder Rocken;
9. Gerste oder Hafer.

Wie muß nicht hier das Herz eines Dreifelderwirthes bei einem so ungeheuren Umlaufe lachen! In neun Jahren siebenmal Stroh! — Hier also bescheert's der Herr den Seinigen im Schlafe. Man hat auch:

1 bis 6 oder bis 8. Luzerne;
7. Weizen;
8. Spelz;

9. Gerste;
10. Hafer.

Dann wird reine Brache gehalten und gedüngt. Die Luzerne wird alle Jahre im Winter mit Dünger überfahren, und das Stroh davon im Frühjahre abgeharkt.

Wir kommen hier auf die Behandlungsart, welche bei der ersten der angeführten beiden Fruchtfolgen Statt hat.

1. Brache. Viermal gepflügt; die des Saatunterpflügens nicht mit einbegriffen. Die erste Pflugart hat Statt im April; die zweite im Mai; die dritte vor der Ernte; die vierte 2 bis 3 Wochen vor der Rockeneinsaat.
3. Zum Weizen wird die Rockenstoppel zweimal umgepflügt. Darauf wird gesäet, der Samen eingepflügt, geegget, aber nicht gewalzt.
4. Spelz. Dasselbe Verfahren wie bei dem Weizen.
5. Hafer oder Gerste. Die Spelzstoppel wird gleich nach der Ernte gestürzt, und vor Winter noch einmal gepflügt. Im Frühjahre wird ohne zu pflügen gesäet, der Samen aber untergepflügt. Man säet beide Gegenstände so früh nur immer möglich ist. Sollten die Pflanzen auch weiß vom Froste werden: so schadet es ihnen nicht, und es erfolgt oft die schönste Frucht darauf.

6. Kartoffeln. Zweimal im Frühjahre gepflügt, mit der Hacke gepflanzt, einen Schritt nach allen Seiten von einander; mit der Hacke behäufelt, mit dem Karste ausgegraben. Kommen Runkeln statt der Kartoffeln in dieses Feld: so muß gedüngt werden. Man pflügt dreimal dazu, verpflanzt sie mit dem Pfluge und behackt sie zweimal.
7. Gerste. Gleich nach der Kartoffelernte gepflügt. Im Frühjahre gesäet und untergepflügt.
8. Weizen oder Rocken. Die Gerstenstoppel zweimal gepflügt, der Samen eingeackert.

Man begehre nicht von mir zu wissen, was ich von dem Weizen nach Gerste halten soll; denn ich weiß es nicht: so viel aber glaube ich, daß es besser seyn mag, als wenn man Kartoffeln, Weizen, Gerste nähme.

Man hält dafür, daß die Esparsette am besten unter Hafer und die Luzerne unter Hirse gerathe. Der Klee will hier nicht gut fort, daher wenig oder gar keiner gebaut wird.

In dieser Gegend, wo ich mich mehrere Tage verweilte, gelangte ich endlich zu der unbezweifelten Ueberzeugung, daß es wirklich Bodenarten giebt: auf welchen der Gips keine Wirkung auf die Futterkräuter hervorbringt. Man kann hier nicht sagen, daß es an Versuchen, Kenntniß oder gutem Willen gefehlt hätte. Die Ausgabe dafür ist hier so geringe; das Beiführen wegen Nachbarschaft des Rheins so leicht, daß sie selbst die ärmsten und sorglosesten Bauern nicht von dem Gebrauche des Gipses abschrecken würde. Auch bedient man sich hier desselben für die Esparsette auf sandigen Feldern. Der Gips ist also bekannt, er wird angewendet, und man hat mehrmals Versuche, sogar vergleichende Versuche, auf dem hiesigen guten Boden damit gemacht, wiewohl umsonst. Der Gips hinterließ keine Spur von Wirkung. Ganz gewiß würde man die Luzerne lieber gipsen, als alljährlich vor Winter mit Dung überfahren, wenn nicht die überzeugendsten Beweise von seiner Unbrauchbarkeit da wären. Mit einem Worte, ich erkundigte mich so genau nach allen Umständen, rief Zeugen zu Hülfe, ließ mich auf das Feld führen u. s. w., daß es nur mehr einem Erzpyronier einfallen könnte die Wahrheit zu bezweifeln. Diese Wahrheit wurde mir noch überdem auf dem nahe gelegenen Ibersheimer Hofe auf das feierlichste bestätigt, und ich hatte schon früher an andern Orten der Pfalz Spuren davon gefunden; wiewohl sie mir nicht ganz zureichend schienen, und ich sie daher überging. Vergleiche ich aber jetzt alle diese Spuren mit einander: so finde ich, daß man allenthalben in den Niederungen, die einen bröcklichen und doch festen, schweren, bei der Hitze und Trockenheit berstenden rothen oder schwärzlich rothen Boden haben, dem Gipse die Wirkung absprach, die er doch nicht weit davon, und in derselben Feldflur, aber auf Boden von einer andern Art, so auffallend äußerte. *)

*) Schon der alte Pfarrer Mayer von Kupferzell, der wahre Apostel des Gipses, spricht ihm in einigen Fällen die Wirkung ab: „Auf keinem Felde," sagt er, „ist der Gips wirksamer, als auf trocknem; vorzüg„lich auf sonnigen trocknen Bergwiesen: nur auf „schattigen und feuchten Stellen nicht." An einem andern Orte: „Gips thut keine oder gar eine nach„theilige Wirkung auf Boden, der bei der Hitze den „Pflanzen das Wachsthum versagt. In dem Falle „ist zumal der schwärzliche Boden."

Da ich einmal vom Gipse und von dem thätigen Pfarrer Mayer, der ungeachtet seines lästigen Stils noch immer einer unserer Patriarchen bleibt, rede: so sey es mir erlaubt, ihm hier noch einige Worte zum Lobe des Gipses nachzusprechen. „Zu Kupferzell," sagt er, „thut der Gips allen und jeden Gewächsen „gut. Auf Wiesen, Klee und Wintergetreide streut „man ihn im ersten Frühling, sobald der Schnee weg „ist; auf Sommergetreide, wenn es aufgeht. Nicht „bei starkem Winde, sonst Morgens, Mittags, „Abends, bei Regen und bei Sonnenschein.... Um „dem Gerede gegen den Gips ein Ende zu machen, „ließ ich meine Wiesen nicht mehr düngen; aber seit „zwölf Jahren alle Jahre gipsen, und der Wuchs „des Grases nimmt von Jahr zu Jahr zu. Dasselbe „that ich mit meinem Krautgarten, und er bringt „unausgesetzt Köpfe von 15 bis 20 Pfund..... Ich

Eine mit diesem Boden angestellte genauere Untersuchung auf Gips ist in so fern verunglückt, daß sein Gehalt davon nicht genau bestimmt werden kann. Es zeigte sich aber ein Minimum von Gips darin, und um das Verhältniß auszumitteln, wird eine beträchtliche Masse zu der Untersuchung erforderlich seyn. Ob ein solches Minimum, welches sich hier ergab, nicht auch in andern Boden sey, worauf die Gipsdüngung wirkt, bleibt noch unentschieden; weil noch wenige Bodenarten so genau untersucht worden, daß man ein solches Minimum, was sich nur bei besonders darauf gerichteter Aufmerksamkeit entdecken läßt, beachtet hätte. Uebrigens enthielt der Boden 56 pr. Ct. nach dem Sanden abschwemmbare Theile, worunter 11,5 p. Ct.

„habe in meiner Pfarre einen Weiler, wo nur einige „Bauern wohnen. Alle ihre Güter, sogar die Wie„sen, liegen etwas hoch. Sie waren allezeit arm; „arm an Gras, Getreide, Vieh und Geld. Seitdem „sie Gips streuen, haben sie alles genug; wer sonst „kaum zwei Ochsen hatte, hat ihrer jetzt vier. Die „Fruchtbarkeit steigt mit jedem Jahre.... Wenn ich „ein Gut hätte: so wünschte ich mir nur lauter trock„nes Land und Gips, und ich würde reicher dabei „als bei fettem Boden werden. Ein Jahr gipsen „und ein Jahr düngen, und so immer abwechseln, „wird den höchsten Ertrag geben, den die Erde „vorbringen kann." So weit Mayer!

kohlensaurer Kalk. Von dem Sande waren 2/3 schon vor dem Sieden, 1/3 nach demselben durch Schwemmen zu sondern. Er zeigte aber bei der Abkochung mit Kalilauge einen sehr auffallenden Humusgehalt.

Bei dem Auspflügen eines Luzernfeldes sah ich einige arme hergelaufene Leute beschäftigt, die ziemlich starken Wurzeln aufzulesen, um sie nachher zum Brennen zu verwenden. Wäre der Acker mein gewesen, ich hätte jedem dieser Armen einen Taglohn ausgezahlt, und sie gebeten, nichts mitzunehmen.

Die Kühe, sagte man mir hier, sollen die Maisblätter und Stengel den Runkelrüben vorziehen.

Die aus Weiden geflochtenen Karrnkörbe sind in der Pfalz so gut wie im Elsaß im Gebrauche. Da sie an einem Ende offen sind, bis auf einen etwa einen Fuß hohen Streifen, der auf dem Boden ansitzt: so sind sie bei der Kartoffeln-, Rüben-, Obsternte u. dergl. m. von großem Nutzen. Man setzt sie alsdann so auf den Karrn, daß die Oeffnung nach hinten kommt. Bei dem Abladen hebt man die Gabeldeichsel aus dem Sattel, und läßt, ohne das Pferd auszuspannen, den Karrn nach hinten zu aufschlagen; wo dann die Früchte von selbst herauskollern. — Die Wagen haben keine Rungen; sondern statt derer einen halben Fuß hohe Stützen, um die Leitern bloß von unten damit anzuhalten. Von oben werden diese mit Stützen, die auf der Achse außerhalb der Räder ruhen, unterfangen, und vorn und hinten mit einem Stabe, der an beiden Enden mit einem eisernen Ringe versehen ist, welche über die obern Leiterbäume eingeschoben werden, noch fester zusammen gehalten. Ich ziehe diese in manchen Gegenden bekannte Vorrichtung der ungeschickten Weise vor, die man anderswo hat, wo die ganze Last der beschwerten Leitern auf den Rungen liegt und den Schemel, in welchem diese sitzen, nicht selten aus einander sprengt. Von hinten wird an den Erntewagen eine leichte Walze angebracht, um das Seil anzuspannen, welches den Baum, der die obern Garben schließt und zusammenpreßt, anhält.

Vom Sandhofe aus machte ich eine Ausflucht nach

E i ch,

einem ansehnlichen Dorfe oder Flecken. Man hat hier:

1. Brache, gedüngt;
2. Raps;
3. Rocken;
4. Gerste;
5. Kartoffeln oder Runkeln, gedüngt;

6. Gerste;
7. Weizen;
8. Hafer.

Die Folge: Kartoffeln, Gerste, Weizen ist gewiß vernunftmäßiger, als die, wo man ein Staatsverbrechen zu begehen glaubt, wenn man nach den Brachgewächsen etwas anders als Wintergetreide folgen ließe.

Klee und Luzerne wollen nicht mehr fort, daher fängt man an, sich auf die Esparsette zu verlegen. Ueberhaupt werden hier, der starken Zulage von Wiesen wegen, wenig künstliche Futterkräuter gebaut.

Es machte Jemand zu Eich folgenden Versuch über die Fruchtfolge, auf einem Stücke von fünf Morgen:

1. Brache;
2. Raps;
3. Weizen — Rocken;
4. Rocken — Weizen.

Der Rocken nach Weizen war schlecht, der Weizen nach Rocken gut. Auch auf dem Sandhofe sagte man mir, daß der Rocken nicht nach Weizen, der Weizen aber wohl nach Rocken folgen könne. In den Niederländischen Gegenden beobachtet man gerade das Gegentheil. Ob man auch daselbst Versuche über die Richtigkeit dieses Verfahrens angestellt hat?

Ich hörte zu Eich mit wenig Erbauung den katholischen Gottesdienst, die Klagen des Pfarrers über die Hartherzigkeit und Ungerechtigkeit seiner Gemeinde, die den Schullehrer Hungers sterben ließ, indem die Meisten ihm sein karg bedingtes und sauer erworbenes Lohnbrot nicht verabreichten. Ach! dachte ich, wenn das junge Vieh, statt der Kinder, des Schulunterrichts nöthig hätten, der Lehrer würde sich besser bei seinem Amte stehen! — Zu meiner Freude setzte der Seelsorger hinzu: daß 'er den Gotteskasten öffnen und dem Schullehrer das Brot daraus reichen lassen würde, das ihm seine ungerechten und geizigen Pfarrgenossen vorenthielten; indem Reichthum dem Wohlthun vorgehe. — — Aus der Kirche ging ich ins Dorf, und fand alle Bier- und Weinhäuser mit Menschen angefüllt. — —

Ibersheim.

Es ist wirklich ein ergötzendes Schauspiel, eine ganze Kolonie von fleißigen und vortrefflichen Landwirthen auf einem Punkte vereint zu finden. Fünf und zwanzig hundert Morgen, die von einem einzigen Mittelpunkte aus, und zwar mit der größten und angestrengtesten Thätigkeit betrieben werden, sind eine Schule, wo der Beobachtungsgeist ohne Unterlaß Nahrung findet, und ein Oekonom sich mehr praktische Kenntniß sammeln kann, als aus einer ganzen Bibliothek.

Der Ibersheimer Hof, ursprünglich der Pfälzischen Domainenkammer zuständig, wurde schon seit langer Zeit von 24 Mennonisten bewirthschaftet. Sie erhielten ihn später von der Kammer in Erbbestand, gegen eine jährliche Rente, der sie sich zur Zeit des Gallizismus entledigten, und dadurch freie Eigenthümer wurden. Von da an hörte denn die Unzertrennlichkeit der Höfe auf. Jeder der vier und zwanzig Beständer ward unumschränkter Herr, mit dem Seinigen zu schalten und zu walten wie er will. Seitdem nimmt die Bevölkerung zu. Die Häuser vermehren sich, und in funfzig Jahren werden mehr als hundert Familien sich in den Grund und Boden getheilt haben, und der Gärtner wird dann mehr als der Landwirth in Ibersheim zu lernen haben. Ob das ein Wohl seyn wird, wird die Zeit lehren.

Der Ibersheimer Hof vereinigt eine Menge Vortheile, die, nicht weniger als die Industrie seiner Betreiber, ihn zu der Stufe von Wichtigkeit erhoben haben, auf der wir ihn erblicken. Seine Ausdehnung, die schöne Ebene seiner Oberfläche, die an einander hangende Masse, der durchgehends kostbare Boden, die Nachbarschaft des Rheins, die vortrefflichen Wiesen, die vielen Brantweinbrennereien, und endlich der Verein von vier und zwanzig thätigen, durch Gemeinsinn unter sich verbundenen Familien, sind Vortheile, die sich nur selten bei einander finden.

Man stelle sich eine kleine Republik von Ackersleuten vor, die nur von einem und eben demselben Geiste belebt werden, in welcher man keine Armuth duldet, weil alle gesunde Glieder zusammentreten, um einem Leidenden aufzuhelfen, indem die ganze Gemeinde es sich zur Schande rechnen würde, wenn ein dürrer oder unnützer Ast auf dem früchteträchtigen Baume säße *); wo Keiner, selbst der Diener des Altars nicht, verschmähet, Hand an den Pflug zu legen, und dem Andern ein Beispiel des Fleißes und der Betriebsamkeit zu geben. Eine Republik, die ihre eigenen innern Gesetze, ihre Wohlthätigkeitsanstalt, ihre Kirche, ihre Schule, ihre Lehrer, ihre Handwerker, ihre Vorsteher hat . . . Ist eine allgemeine Verbesserung, eine öffentliche Arbeit zu unternehmen: so vereint sich Alles ohne Widerspruch, die Sache schnell und mit gesammter Hand auszuführen. Es ist kein Frohndienst; es ist eine Privatarbeit, zu welcher Jeder zu seinem eigenen

*) So hat noch kein Exequent zur Eintreibung rückständiger öffentlichen Abgaben den Ibersheimer Hof betreten.

Besten frei und gutwillig beiträgt. Mit einem Worte: es herrscht hier viel Gutes, viel Wohlüberdachtes, das auch den, der kein Landwirth ist, interessiren muß.

Es ist nun Zeit, uns ein wenig nach hiesiger Wirthschaft umzusehen.

Unter den Vortheilen, die der Ibersheimer Hof hat, benannte ich die vortrefflichen Wiesen und zahlreichen Brennereien, die damit verbunden sind. Jene decken eine Insel, die durch einen Arm des Rheins von dem festen Lande getrennt ist, und damit durch einen neuerdings errichteten Damm zusammenhängt. Ich fand an diesem Damme einige schwefelhaltende Quellen. Die Insel, welche ganz zu dem Hofe gehört, enthält 400 Morgen eines sehr schönen Graswuchses. Man rechnet im Durchschnitt auf 20 Zentner Heu vom Morgen. Als ich im September durchging, stand das Grummet darauf so dicht, daß ich auf einen Polster zu treten glaubte. Ein Theil davon ist nunmehr durch Einhägungen abgesondert, und mit einer Menge Obstbäume bepflanzt.

Unter den 24 Landwirthen von Ibersheim sind ihrer 17, die sich mit Brantweinbrennen aus Kartoffeln abgeben. Sie verfertigen zusammen jährlich im Durchschnitte 850 Ohm. Nehmen wir an, daß auf jede Ohm, ohne den Getreidezusatz, 18 Malter Kartoffeln gehen; so gehören zu der ganzen Fabrizirung 15300 Malter, aus deren Abfall dann nothwendig eine große Menge Dünger hervorgeht, die diesen Landwirthen in den Jahren, wo der Brantwein in einem sichern Preise steht, nichts kostet. Seit einigen Jahren ist dieser Preis 35 fl. rheinisch, welches man für den Mittelpreis hält. Es gehen also aus dem Ganzen 29750 fl. hervor. Dazu verbrauchen die Brenner für 7650 fl. Holz; bleibt zur Deckung für Mühe, Arbeit, Abgaben, Interessen, Abnutzung, Getreide, Kartoffeln und sonstige Auslagen die Summe von 22100 fl. Ich bin aber nicht genug unterrichtet, um eine vollständige Bilanze darüber zu ziehen.

Aus dem Vorhergehenden schließt man leicht, daß die Kartoffeln den Hauptgegenstand des hiesigen Ackerbaues ausmachen. Von 1500 Morgen Ackerland sind ihrer alljährlich 250, also der sechste Theil derselben mit Kartoffeln bestellt. Die Brenner bepflanzen damit den fünften Theil ihrer Aecker, die aber keine Brennerei haben, begnügen sich mit dem zwölften Theile, und nehmen auf den achten Theil ihrer Felder Runkelrüben, für welche man eine ausgezeichnete Achtung hat. Der Klee will hier nicht wohl gerathen. Esparsette sah ich keine. Vielleicht lohnt sie auf einem solchen Boden nicht so hoch, als die Luzerne.

Man kann jedem der hiesigen 24 Landwirthe hundert Morgen zurechnen, darunter sind 60 bis 70 Morgen Ackerland. Die Wirthschaft des Hrn. Johann Staufer, der die Güte gehabt hat mir das Meiste mitzutheilen, was ich dem Leser über Ibersheim vorlege, hat alljährlich

Brache	6 bis 7	Morgen,
Raps . . .	6	—
Kartoffeln .	5	—
Runkeln . .	8	—
Luzerne . .	3	—
Sommergetreide	16	—
Wintergetreide	16	—

Er hält 2 Pferde, 2 Zugochsen, 5 Kühe, ohne die Zuzucht, und kann jährlich 10 bis 12 Ochsen mästen. Obschon Hr. Staufer kein Brenner ist: so verlegt er sich doch auf Mastung, wie alle hiesigen Wirthe thun. Er verwendet dazu seine Runkelrüben.

Die gewöhnlichste Fruchtfolge zu Ibersheim ist:

1. Brache, viermal gepflügt. Wo möglich geschieht die erste Pflugart schon vor Winter in dem vorhergehenden Jahre, und das Düngen im folgenden Hornung;
2. Raps; der Samen wird untergepflügt;
3. Rocken oder Weizen; die Rapsstoppeln werden dreimal dazu umgepflügt;
4. Hafer, wenn Weizen; oder Gerste, wenn Rocken vorherging
5. Kartoffeln, gedüngt;
6. Gerste;
7. Rocken oder Weizen, darauf Stoppelrüben;

8. Runkeln, gedüngt; die Brantweinbrenner aber haben auch in diesem Felde Kartoffeln;
9. Gerste;
10. Wintergetreide.

Es ist dieses also eine wirkliche Dreifelderwirthschaft, mit dem Unterschiede, daß das Sommergetreide meistens dem Wintergetreide vorhergeht. Man hat auch manchmal:

4. Kartoffeln, ohne Dung;
5. Gerste;
6. Wintergetreide;
7. Raps, gedüngt.

Aller Getreidesamen wird untergepflügt. Die Kartoffelhörste fallen einen Schritt nach allen Seiten auseinander, und stehen im Verbande. Noch nirgends habe ich so schöne Kartoffel- und Runkelrübenernten gesehen, als hier. Man schlägt den Ertrag der letzten zu 100 Malter, und den der ersten zu 60 Malter per Morgen an. Vorgedachte 250 Morgen geben also 20000 Malter Kartoffeln, davon 15300 für die Brennereien, und 2000 für die Einsaat ab, bleiben 2700 Malter für die Menschen und zu anderweitigem Gebrauche.

Vor zwanzig Jahren war der Flughafer hier noch die Geißel der Sommerfrucht, und wenn die Gerste eingefahren wurde: so hätte man den Wagen eher für einen Wagen schlechtes Heu, als Gerste halten sollen. Da legte man sich auf den Rapsbau, und durch die Folge: 1. Brache,

2. Raps, 3. Rocken, wurde der Flughafer gänzlich verdrängt. Ein neuer Beweis, nicht allein wie nöthig eine reine reine Brache bei der Dreifelderwirthschaft ist, sondern auch, daß das Land, von Zeit zu Zeit, zwei Jahre hinter einander mit Getreide verschont werden muß, wenn die nothwendige Reinlichkeit darauf unterhalten werden soll. Man vergleiche diese Erfahrung mit der, welche die Elsasser Dreifelderwirthe über die Tilgung des Hederichs gemacht haben.

Herr Christophel, ein hiesiger Landwirth, der zugleich mit Hrn. Johann Staufer das Predigeramt versieht, sagte mir: schon sein Vater habe erfahren, daß das Einbeizen des Weizens nicht gegen den Brand sichere. Ihn völlig reif werden lassen, gleich abdreschen, sorgfältig ausbreiten, zumal überjährigen Weizen nehmen, hielt er für das beste Mittel, dem Brande vorzukommen. Mußte er je Saatweizen kaufen, so war es stets überjähriger.

Die Beobachtung, daß der Gips auf hiesigem Boden keine Wirkung hervorbringe, ist nicht dem geringsten Zweifel mehr unterworfen. Man kann von Leuten, bei denen so vieler Fleiß, so viele Industrie und Wohlstand zu Hause ist, unmöglich vermuthen, daß sie die Ausgabe von ein paar elenden Gulden ansehen würden, wenn sie nicht überzeugend wüßten, daß der Gips, den sie zu Wasser bis auf ihren Acker bringen können, durchaus fruchtlos sey. Der größte Theil, oder vielleicht alle hiesigen Felder bestehen aus einem solchen von dem Wasser abgesetzten Boden, wie ich ihn bei dem Sandhofe beschrieben habe. Eine Menge Spuren beweisen, daß der ganze Winkel, den der Rhein hier bildet, einstens unter Wasser stand. Noch versicherten mich Leute, die nicht über funfzig Jahre alt waren, daß sie sich noch wohl erinnerten, in ihrer Jugend einen Theil der Felder beinahe immer unter Wasser gesehen zu haben, wovon man es damals für unmöglich hielt, daß sie je würden angebaut werden können, die doch nun, gleich allen übrigen, unter dem Pfluge stehen. Mir bleibt also sehr wahrscheinlich, daß alle dem Wasser vormals ausgesetzte Gründe und Vertiefungen, die einen schweren, festen und bröcklichen Boden haben, von dem Gipse wenig oder gar keinen Vortheil ziehen.

Auch der Pfuhl ist auf den besten Feldern zu Ibersheim von keinem Nutzen, und oft schädlich: es sey denn, daß er im Winter auf den Schnee gebracht würde. Auf schlechten Feldern aber spricht man ihm, eben so wenig als anderswo, die kräftigste Wirkung nicht ab.

Diejenigen der hiesigen Landwirthe, die sich nicht mit dem Brantweinbrennen abgeben, weihen dem Anbau der Runkelrüben eine besondere Aufmerksamkeit. Sie wählen zu Samenträgern nur solche Wurzeln, die nur wenig über der Erde hervorragen, grüne, aufrecht stehende Blätter haben, von mittler Dicke und ohne Zacken sind. Bei dem Ausgraben nimmt man ihnen die Blätter, ohne die Wurzel zu verletzen, und schlägt sie im Keller, aufrechtstehend in Sand ein. Im Frühjahr pflanzt man sie in den Garten, giebt ihnen eine Stütze, und läßt alle Stengel *) daran aufwachsen. — Da die Runkeln hier alle verpflanzt werden, welches ich auf freiem Felde allemal für die vorzüglichste Methode halte: so streut man den Samen auf ein wohlgegrabenes Gartenbeet, tritt ihn etwas an, und deckt ihn mit ein wenig faulem Grunde. Das Land, wohin die Runkeln verpflanzt werden sollen, wird im Winter gedüngt und zwei bis dreimal gepflügt. Man stutzt die Pfahlwurzel ein wenig ab, und setzt die Pflanzen während des Pflügens ein, so daß sie einen Schritt nach allen Seiten von einander fallen. Sie werden aber nicht in die Furche eingelegt, also auch nicht mit dem Pfluge gedeckt; sondern man stößt mit dem Finger ein Loch in den frisch aufgeworfenen Schnitt und steckt die Pflanze hinein. Bei einem Pfluge braucht man zu dieser Arbeit zehn Personen. Da-

*) Ich erwähne dieses, weil man an andern Orten glaubt, daß die Herzstengel vielen solchen Samen geben, dessen Pflanzen schon im ersten Jahre ausschießen; daher man diese Stengel unterdrückt.

von tragen zwei die Pflanzen bei, zwei vertheilen sie auf die Stellen, wo sie sitzen sollen, und die sechs übrigen pflanzen. Von diesen zehn Personen befindet sich die Hälfte auf der einen, die Hälfte auf der andern Seite des Beetes, um das Hin- und Herlaufen zu vermeiden, und den Pflug nicht aufzuhalten. Später werden die Runkeln zweimal behackt. Man zieht dabei die Erde weder dagegen an, noch davon ab. Im September nimmt man ihnen manchmal die sich senkenden Blätter, welche man übrigens für ein schlechtes Futter hält.

Ich sagte früher, daß diejenigen, die keinen Brantwein brennen, dennoch Mastung treiben. Die Ochsen werden um Martini aufgestellt, und zuerst mit gestoßenen Rüben gefüttert. Dieses dauert ungefähr sechs Wochen; darauf geht man zu den Kartoffeln und Runkeln über. Man gesteht, daß jene noch besser als diese mästen; jedes Vieh kann aber die Kartoffeln nicht vertragen, daher man sie nicht allein füttert, sondern sie stets mit Runkeln untermischt. Die Ration eines Ochsen ist ein Korb Kartoffeln und zwei Körbe Runkeln per Tag. Ein solcher Korb hat 22 Centimeter in der Höhe, und 47 im Durchschnitt. Alles wird roh verfüttert, das zerstückte Wurzelwerk mit Kaff oder Rapsspreu vermischt, und mit etwas kaltem Wasser angefeuchtet. Daneben giebt man etwas Heu oder Gerstenstroh, aber nichts zu saufen. Auf diese Art wird das Vieh, ohne Zusatz von Körnern, ganz fett gemacht. Man sorgt dafür, daß die Krippen rein ausgeputzt werden, sobald das Vieh zu fressen aufhört, und nimmt weg, was es allenfalls darin zurückgelassen hat. Man füttert nur zweimal im Tage. Die Metzger ziehen die auf solche Weise gemästeten Ochsen den mit Brantweinwäsche gemästeten vor.

Gegen das Auflaufen des Rindviehes bedient man sich eines Schusses Pulver, das man mit gesalzener Butter von der Dicke eines Hühnereies verknetet, und dem Vieh in den Hals steckt; oder man gießt ihm ein paar Flaschen lauliches Wasser mit einem Glas Oel ein. Eben so viel laue Milch mit ein paar Löffel Schnupftaback soll dieselbe Wirkung thun. Man läßt den Kranken dabei aus dem Stalle und treibt ihn zu einiger Bewegung an.

Ehe wir von Ibersheim und der Pfalz, und der liebe Leser und ich von einander Abschied nehmen, sey es mir erlaubt hier ein paar Züge anzubringen, die den sittlichen, gutmüthigen Sinn der braven Landwirthe von Ibersheim charakterisiren. Man zeigte mir einen kleinen Fündling, den man kurz vor meiner Ankunft vor der Behausung des Hrn. Abraham Staufer niedergelegt, und in einem Briefe der Menschlichkeit der Brüder anempfohlen hatte. Die Gemeinde trat zusammen und beschloß, das Kind auf gemeinschaftliche Kosten zu erziehen und es gegen jährliche Zahlung Jemand in Pflege zu übergeben; allein Herr und Frau Staufer waren nicht zu bewegen, sich der Sorge über die vater- und mutterlose Waise, die ihnen nun einmal von der Vorsehung übergeben zu seyn schien, zu entschlagen, noch sich mit Geld zahlen zu lassen, was sie aus Menschenliebe angefangen hatten, und fortzusetzen gedachten.

Der Leser erinnert sich vielleicht noch des Schullehrers von Eich, dessen ich nicht ohne Absicht erwähnte. Er vernehme denn auch, daß, während die katholischen Einwohner dieses Dorfes den Lehrer ihrer Kinder vor Hunger schmachten ließen, sich dieser an die guten Mennonisten zu Ibersheim wandte, welche ihn zwei Jahre lang mit einigen Maltern Getreide erhielten. Das heißt wohl nicht allein an seinen eigenen, sondern auch an fremden Kindern Gutes thun! Ich hörte es, eine Freudenthräne quoll aus meinen Augen, und mir war wohl, Menschen gefunden zu haben.

FSC
www.fsc.org
MIX
Papier | Fördert
gute Waldnutzung
FSC® C083411

Kolibri 360 GmbH
Ferdinand-Jühlke-Straße 7
99095 Erfurt, Deutschland
produktsicherheit@kolibri360.de